建筑：成功之道
——企业的建筑形象设计

建筑：成功之道
——企业的建筑形象设计

ARCHITECTURE: THE ELEMENT OF SUCCESS
BUILDING STRATEGIES AND BUSINESS OBJECTIVES

[德] 苏珊娜·克尼特尔·阿默斯库伯　编著
苏　怡　译

中国建筑工业出版社

著作权合同登记图字：01-2006-5180号

图书在版编目（CIP）数据

建筑：成功之道——企业的建筑形象设计／（德）阿默斯库伯编著；苏怡译．
北京：中国建筑工业出版社，2008
ISBN 978-7-112-09874-3

Ⅰ．建⋯　Ⅱ．①阿⋯②苏⋯　Ⅲ．企业形象－建筑设计　Ⅳ．TU2

中国版本图书馆CIP数据核字（2008）第016451号

Architecture: the Element of Success: Building Strategies and Business Objectives/
Susanne Knittel-Ammerschuber
Copyright © 2006 Birkhäuser Verlag AG (Verlag für Architektur), P.O.Box 133,
4010 Basel, Switzerland
Chinese Translation Copyright © 2008 China Architecture & Building Press
All rights reserved.
本书经 Birkhäuser Verlag AG 出版社授权我社翻译出版

责任编辑：孙　炼
责任设计：郑秋菊
责任校对：李志立　王　爽

建筑：成功之道
——企业的建筑形象设计

［德］苏珊娜·克尼特尔·阿默斯库伯　编著
苏　怡　译
*
中国建筑工业出版社出版、发行（北京西郊百万庄）
各地新华书店、建筑书店经销
北京嘉泰利德公司制版
北京中科印刷有限公司印刷
*
开本：787×1092毫米　1/20　印张：9　字数：300千字
2008年9月第一版　2008年9月第一次印刷
定价：58.00元
ISBN 978-7-112-09874-3
（16578）

版权所有　翻印必究
如有印装质量问题，可寄本社退换
（邮政编码 100037）

目 录

序言 ····· 7

企业建筑和企业管理不可分割的联系 ····· 9
    从"外壳"到企业建筑 ····· 10
    成功因素：建筑 ····· 16
    企业文化和管理风格 ····· 18
    管理方法：管理工具 ····· 21
    一种共同语言 ····· 22

建筑管理方法 ····· 25
    设计范畴和设计元素 ····· 26
    真实性vs对与错 ····· 30
    设计范畴：人员 ····· 33
        沟通 ····· 38
        活力 ····· 51
        创造力 ····· 58
        弹性 ····· 65
    设计范畴：结构 ····· 68
        组织 ····· 75
        透明 ····· 81
        谨慎 ····· 90
    设计范畴：系统 ····· 93
        技术与工艺 ····· 94
        创新 ····· 99
        程序 ····· 102
        质量 ····· 109
        营销 ····· 113

设计范畴：风格 ·· 115
　　　　管理风格 ·· 118
　　　　企业形象 ·· 121
　　　　企业建筑 ·· 123

建筑管理实践 ·· 136
　　怎样避免这种情况？ ·· 137
　　"0"阶段 ·· 138
　　企业管理者的目标是什么？ ·· 140
　　分析并确定企业的设计元素 ·· 145
　　建筑师的诠释 ·· 148
　　员工的参与 ·· 150
　　实施与监控 ·· 152
　　结论 ·· 155

建筑对于商业发展的意义是什么？ ······································ 158
　　公司管理者与建筑师的一次会谈 ···································· 158

附录 ·· 171
　　参考书目 ·· 171
　　引用资料 ·· 173
　　图片致谢 ·· 175

致谢 ·· 178

序　言

　　建筑，首先而且也不可避免地是公众事物。无论谁来做设计，可能都会从个人的需求和喜好出发，可是建筑仍要接受公众眼光的评判，对商业建筑来说更甚。企业建筑之所以吸引公众兴趣的原因有两个：首先，因为每天有大量的员工在里面进进出出；其次，因为人们普遍都能感知并评价企业建筑。于是，企业建筑就被公众视为企业的知性和文化态度的象征。

　　那些渴望或亟需建造自己的公司建筑的企业管理者，都必然要处理建筑设计及其效果的问题，事实证明，它们能传递一部分企业文化。

　　公司（或企业）文化的概念非常复杂。它不仅描述公司的特征，而且阐释它们对于角色、职责、历史、观念、目标以及社会和道德价值等问题的理解。上述企业文化的知性特质存在于每家公司当中，只不过形式不同，而建筑则试图把这些抽象的概念转换成空间实体。建筑尽力赋予企业以物质形态，来支持它们达成自己的目标。

　　对企业来说，只是建造一座"设计得不错"的建筑已经远远不够了。建筑必须促进社会和经济发展，进而推动对价值的讨论。尽管很多企业已经对建筑设计给予了特别的关注，但是，就整个行业而言，仍在很多方面低估建筑对商业成功的提升作用。倘若企业管理者能认识到建筑是商业成功的重要因素，并且积极地贯彻这一点，那么，由建筑石材、混凝土、木料和玻璃所展现的企业形象，就能对个人的创造力施加影响。

　　因此，写作本书的出发点就是：借助"用建筑管理企业"的新方法，建筑师将能够向企业及其决策者证明，建筑与管理方法之间存在诸多结合点。本书首先要向人们展示的是，建筑设计和实现企业目标之间存在着直接而密切的联系。

　　这种新方法是合乎逻辑的，因为它在建筑师和企业管理者之间创造出一种共同语言，这正是双方都迫切需要的。"用建筑管理"的方法可以作为建筑师的后盾，支持他们游说企业管理者：精心设计的建筑外观将有助于实现个人目标。这种方法首先基于对建筑和企业管理方法之间的概念上的结合点的分析，而后需要在公司里找到相应的空间形式。这样，建筑就可以作为转换和支持企业文化的工具。无数的实践已经清楚地证明了这个方法。

与此同时，应该让那些对此感兴趣的企业管理者意识到建筑究竟是怎样支持企业的方针和目标。为此，如果建筑师打算有条理、有创意地将它们转换成恰如其分的建筑语汇的话，清楚、客观的目标是必不可少的。

有一点是显而易见的：建筑师与企业管理者和决策制定者之间原本并没有共同语言。由于所接受的职业训练和个人兴趣的限制，建筑师可能对商业或战略最优化方法知之甚少。同样地，企业管理者对建筑的了解也十分有限。这就是为什么建筑师和管理者的联系必须建立在两者交会的中点：建筑师必须学会设身处地按照企业战略和商业管理的方式来思考，而公司管理者则应当学会读懂建筑，并将其用作战略手段。

本书中所提到的"用建筑管理"的新方法，促使建筑师与企业管理者合作，共同为建筑工程建立起适宜的战略目标。这项工作将从最初的策划阶段开始，并且采用一种远远超越我们所熟悉的预算、空间和技术设备的形式。这种方法的主要目标之一，是建立起有条理的建筑方法，使企业向实现其战略目标更进一步。为此，需要在重大的建筑变更发生之前，或者是定期地对建筑环境或建筑本身进行检查，必要的情况下甚至进行调整。

本书中的大量阐述和图片，都意在为建筑师和企业管理者提供例证，为他们搭建讨论的平台。当然，这些只不过是建议，希望作为设计专家的建筑师们能从中获取灵感。那些"在建筑方面支持商业"的一般解决方案在此书中就不介绍了。相反地，促使建筑师和企业管理者都对建筑所能影响的范畴变得敏感起来是势在必行，进而有助于无论是战略阶段还是平时状况下的思考和计划，最终推进企业的经济发展。

苏珊娜·克尼特尔·阿默斯库伯（Susanne Knittel-Ammerschuber）博士，建筑师，2005年9月

企业建筑和企业管理不可分割的联系

工业（或企业）建筑发展的历史显示：很早以前，公司管理者就开始在建筑策划的过程中重视建筑设计的价值了，但这主要是出于名望上的原因。我们只需要想想那种16世纪的金碧辉煌的意大利宫殿就明白了，它们经常是衬托卓越商贸活动的背景。

19世纪，工业化导致了生产方法的剧烈变革，从而大大增进了对建筑的新功能的需求。那时候，特别是19世纪中叶和"创建期"（Gründerzeit）建造的工厂，不仅展现出对功能的，还有对外部设计及效果的强烈兴趣。大多数私人所有并经营的公司都把价值尽量表现在有代表性的建筑立面上，它们受到诸如古典主义、历史主义和新艺术等不同风格的影响。所有这一切都反映出外向投射的有关名望和美学的法则。对公司管理者来说，建造是为了将来。

如今，企业建筑的寿命的计算方法已经全然不同了。以前那些预先设计成可持续使用很久的厂房大厅和生产建筑，日趋被规划成更短期的建筑。除此之外，企业的组织形式也和传统的、家长式的、私人所有或经营的商号有了根本上的不同：现在，贸易和工业被大企业所控制，被拥有董事和经理的董事会的公司所控制，而管理者们在任的时间是很有限的。这样的"临时执行委员会"首先关心的是在他们的"在位期间"做出精彩的资产表。因此，如果建筑方案和核心业务没有瓜葛的话，在这上面投资绝非首当其冲的大事。于是，用于公司建筑发展、革新，甚至是拆毁的经费在很大程度上被忽视了，因为公司建筑在个人的任期内基本上倒不了。

不过，根据2002年以来的经验调查表明[1]，2/3的办公空间和1/4的生产场地仍然归公司所有。

由于欧洲经济根据生产调整的趋势日益衰减，并且因为如今的管理、研究和发展部门都集中于办公大楼里，于是，这里制定的大都是长期性的建筑和设计的战略计划。

现在，对于根据不同使用者来提供不同功能的建筑，需求是巨大的。建筑师不再仅仅以设计空间和房间为目标；他们也必须尽可能有效地设计出装备着现代基础设施的中性空间。无论对私人所有和经营的公司，还是对大型企业来说，成本效益通常是最首要的问题，因为一个长期产生利润的办公建筑只能是弹性设计的产物。企业建筑的效能、建筑开支和收益是三位一体、不可分割的。建筑效能意味着对使用者来说非常重要的、也就是能将他们的生产设备装备进来的特性。收益则是指建筑的金融价值，针对它的市场价值和投资收益率而言。

如果企业建筑被赋予上述特性，表示开支将提高15%。对德国公司而言，房地产投资仅次于人员支出，达到投资基金的第二位。因此，对企业管理者来说，关心怎么才能尽量节约地建造他们的企业建筑，以及建筑效能和建筑设计，并且有"价值"地建造它们，这想法无可厚非。但是，怎样给这种情况下的"价值"下定义？超越空间、桁架以及设备这些纯功能的需要，能为企业建筑创造出更多价值的设计领域是否存在呢？这部分价值必须由企业管理者及其建筑师在企划阶段就尽早提出来。

从"外壳"到企业建筑

对很多企业管理者来说，商业和工业建筑仍然只是他们的经营活动的必要"外壳"而已。他们把可测量的指标例如面积、层数或者可变空间的立方米数看作是企业建筑的主要特点。我们不难理解，这些主观和客观方面的纯经济角度的方法，才是公司首要关心的事情。但是在这里，却很容易忽视设计和组织上存在的可能性，即建筑可以增加显然与主观方面有关的指标，例如员工的活力和灵感，以及沟通环境的创造。建筑的潜能并不仅仅限于大楼或那些经典的超高建筑的内部，而是同样涉及到周围的环境：如城市环境、交通规划以及景观设计。

有证据表明，即便是建筑内部，包括工作位的空间排列和人体工学设计在内的每件事，都对商业有所影响。与传统的方盒子空间，或者被一些建筑师放弃的传统设计理念和自我实现的趋向相比，企业建筑的设计范畴实际上变化更广、更丰富。

企业大楼的建筑通常是对公司本身的一种表述——无论是有意为之或是无心流露。人们总是自动地把外部形象与公司联系起来，并且由此得出对公司的一部分评价。一些著名的公司及其建筑师已经认识到建筑具有的潜在作用，

> "工业建筑并不仅仅是个容器。它是组织战略中非常重要的组成部分。它将成为实现公司目标的强有力的工具,而不仅仅是用来遮风避雨,或者确保人们真的都'在'里面。"
>
> 邓肯·B·萨瑟兰 JR(DUNCAN B.SUTHERLAND JR.)

并且已经成功地把公司建筑用作实现目标的手段。这些我们在后面的章节中将频繁讨论。

最广为人知、也是最为明显的一个例子是慕尼黑的宝马(BMWAG)总公司。它圆形的塔楼很像四缸发动机,象征着力量和对工艺的热爱。20世纪70年代初期,宝马公司的管理委员会把第一名授予维也纳建筑师卡尔·施旺泽(Karl Schwanzer)所提交的方案,因为他的设计具有极强的可识别性。这座惹人注目的大楼强化了员工对公司的认同感,并展示出企业有创新的义务,甚至在企业建筑设计方面也如是。它证实了宝马车主的选择绝对是正确的。

另一家公司以极为和谐的方式创造出了一座形式、符号、结构和产品的综合体,那就是以生产高级铝合金旅行箱和相机箱而著称的Rimowa公司(世界知名行李箱品牌,从1898年创立于德国科隆的Kofferfabrik Paul Morszeck 旅行箱制造公司发展而来。——译者注)。在公司总部的设计中,采用了它最喜爱的材料作立面,并且在这样做的过程中,同样利用建筑手法突出了公司最与众不同的重要特征:稳定、直线和功效。建筑的结构和凹凸起伏的立面都与公司生产的世界知名的手提箱非常相像。通过采用这样的设计元素,公司发表了超越时间的风格和优雅的宣言——最终,建筑毫无疑问将比下一个系列的产品延续更长时间。与此同时,建筑材料的选择也展示出了耐久性和持续性。1987年,建筑师达尔贝德纳(Dahlbedner)、加特曼(Gatermann)和舍希格(Schussig)因为这个貌似有槽行李箱的工厂建筑设计而获得了德国建筑奖。

因为被宣传成"企业建筑"、"标志建筑"、"环境设计"或"企业形象",所以公司建筑要设计成可以被清晰识别的形象,并能提升公司的名望,它同样

图 1 <
汽车四缸发动机是建筑结构的原型

图 2 <
建筑立面的设计基于产品工业设计

也鼓励员工和顾客都对公司及其产品产生认同感。通常来说，当建筑师们专注于实施美学和创造性的时候，管理者首先关心的是适应工序的设计和经济上的成功。直到公众注意到——这是决定性的一点——与众不同的形象才是至关重要的。

公司外在的建筑形象和金融的成功之间有关联，已经不是什么新鲜事了。1919～1924年之间，彼得·贝伦斯[2]（Peter Behrens）在为美茵河畔法兰克福的赫希斯特股份有限公司（Höchst AG，德国三大化学工业公司之一。——译者注）设计的工艺管理大楼中创造了独特的结构，反映出公司的自我形象。这座建筑的影响十分巨大，以致于二战后重建的新公司的标识(logo)仍以它的塔楼和拱桥为基础。于是，企业建筑成了企业形象的一部分，即便诸如此类的术语在当时尚未形成。从一开始，彼得·贝伦斯就认识到：在企业名望、产品质量和能反映出所有这些信息的建筑类型之间，存在着联系。因此，他给穹顶大厅涂上色彩，并创造出三个水晶体形状的天窗，以此强调颜色对油漆生产商赫希斯特公司的重大意义。

然而，当企业与优秀建筑师合作的时候，往往并没有充分发掘出自身众多有意思的可能性，原因是大多数企业管理者尚未认识到建筑师所能提供服务的特殊品质和广阔范围。雇用建筑师，通常只是为决定建造方案和计划要求，他们只要采纳并补充公司现有的想法和需求就可以了。他们的工作仅仅是为了建造计划打基础。

因此，如果建筑师只是简单地用图来表现公司的现状，根本就不会追求任何核心战略目标。如果企业管理者和建筑师没有共同对长期的商业目标进行有条不紊的分析，那么企业建筑只能是应付当前最紧迫需求的一个实例，而且将很难实现期望中的持续发展，这实在是再清楚不过了。

于是，企业管理者在会见建筑师之前，必须非常清楚地了解他们自己的目标，并且能阐述得非常准确。这同样需要对于企业文化的热切关注。

公司需要明确定义的长期目标，并且落实在纸面上，以此反映企业文化。只有这样，公司建筑才能令人信服地代表公司形象，并传递它的企业文化。美国建筑师路易斯·沙利文（Louis Sullivan，1856～1924）曾说："形式追随功能"（Form follows function）。在这里，结合我们所要达到的目的，可以把这句话改为"建筑追随文化"。

图 3 <
德国赫希斯特公司的工艺管理大楼，美茵河畔法兰克福。作为城市一部分的塔楼和拱桥都体现在公司的标识中

图 4 >
穹顶大厅里色彩斑斓的砖柱是对赫希斯特公司一种拳头产品的模仿

图 5 >
水晶体形状的玻璃穹顶象征着生产油漆的原材料

在这点上，建筑师扮演的是翻译的角色。在与公司管理者合作的时候，他们能创造出支持管理者行为的设计：建筑师把企业文化转换成建筑空间，从而赋予它们物质的形态。建筑设计专注于解决以下问题：透明度、使沟通更容易的潜力、适宜而富有活力的工作环境、弹性的空间划分以及表达清晰的空间结构。建筑师服务的范围远不止测量面积、规划空间尺度和设置电插座的个数。如果假以行之有效的设计，他们将能够创造出远大于纯技术或纯空间需求的额外价值。这种能力很少被开发出来，是因为公司管理者和建筑师所说的语言显然是截然不同的。管理者通常把建筑师想像成空间艺术家，认为他们把一座建筑当作自我实现的机会。面对着建设项目庞大的投资需求，公司管理者关心那些"无用的设计小趣味"是否导致经费暴涨。而相反地，很多建筑师把委托人视为只关心时间和金钱的"阻力"，认为他们根本不愿意去了解建筑对商业成功是至关重要的。

如果参与者双方——委托人和建筑师——日后要以经济成功的方式在一起工作，他们就需要找到相互理解的层面，从而彼此明了什么才是他们必须追求的目标。

成功因素：建筑

当对建筑的期望远远超越其单纯的功能性的时候，真正的建筑才能凸显出来。有相当一部分成功的公司和企业，它们的建筑展现出了附加在精心设计的空间环境上的价值。这些公司是只关心名望，或者只关心商业成功的视觉象征吗？还是说，这些公司意识到它们的建筑不仅影响客户和公众，而且在很大程度上同样影响到自己的员工？

如果企业管理者回顾2001年的一份颇有代表性的调查报告[3]，那么他们将认识到建筑及空间环境设计的重要性。这份调查表明，企业建筑对员工来说是重要的影响因素，并且鼓励在一定范围内把它作为商业成功的工具来利用。这份调查还证实，企业建筑能够支持甚至提升那些为了成功所采用的真正商业工具，即管理方法。这项调查甚至证明建筑可以形象地阐释管理方法的使用。这意味着建筑是管理方法，甚至是企业文化的看得见的表达方式。

最好的企业建筑能够清楚地表达公司的企业文化，并且因为其真实而各具特色。应当尽快认识到公司的价值体系，并且采用与之协调的外部形象加以表达。一个组织结构等级森严的公司，应当在建筑结构中同样清晰地反映出这一点。这种方法也适用于采用平板管理结构的公司，还有以更民主的方式对待员工的公司。公司形象和价值体系越清楚、越显著，那么公司环境就越可信赖、可依靠。

到目前为止，在处理企业文化和企业建筑的相互关系的时候，并没有全面的方法。同样的，也不存在这样一种方法，能让企业所关注和需要的东西注入企业建筑，或者举例证实建筑设计的影响，告诉企业该怎样以不同的方式来利用它们的建筑。

然而，需求却的的确确是存在着的：在探求促进商业成功的新方法的时候，越来越多的企业开始考虑"软件"。因为过去把注意力集中在"硬件"——例如组织结构和战略、工作流程、系统、规则等方面上，可是却并没有为企业带来预期的成功。现在，与人们的知识和实际能力或与态度和行为相关的"软件"，已经越来越受到重视。现代管理方法正在共同努力，刻意去干预与员工相关的企业特质，例如活力、沟通、创造力、团队精神以及社会性才智等，尽管这些特质是科学分析最难企及的。这些设计元素正好是企业最重要的品质，对于商业成功至关重要。为什么几乎所有的招聘广告都刻意把这些需求罗列出来？为什么很多公司的公众评价中都包含"所期望的"员工特质？这里面存在一个战略性的理由。

与上述"软件"相联系的同样的术语，在建筑语言中也能找到。创造力、沟通和弹性是建筑的关键词——与此同时，它们也是许多管理方法最重要的特征和有影响力的因素。但是，这表明建筑已经从次要因素变成重要的管理工具了吗？最初的"保护外壳"或是注重名望的建筑，现在已经成为管理方法和商业成功的手段了吗？还是说，将建筑用作公司管理工具，现在仍然是代价高昂？

费用在这里是非常重要的议题。问题是从财政角度来说，特别是如果需要同时处理好外观和内部设计两方面的情况下，建筑何时可行，或者是否可行。起初，建筑改造或者新型结构总是会造成财政负担。但是以长远的观点看，它们将显著提高公司的效能，从而使之成为有利可图的投资。

可以说明这种变化的广为人知的例子是施乐（Xerox）企业的发展公司，1994年，麻省理工学院（Massachusetts Institute of Technology）的"空间和组织研究所"（SPORG）为它做了新设计。专家图里德·赫根[4]（Turid Horgan）说，该改造方案实行之后，施乐公司的专利注册量大为提高，原因仅仅是改善了部门内部的空间组织结构而已。实验室结构得到了优化，以适应特殊的工作流程。这种结构改建一旦完成，就成了未来方案的参考点。本次改建中，意义最重大的是使那些需要直接合作的特殊区域在空间上紧密相邻，从而便于工作，并且创造出一个中央地带，用作交流区、聚会点和服务区。这一开发方案是术语"工序建筑"的最好说明，无论建筑组织还是建筑结构都要适应工作流程。

这一认识来自于办公室、实验室和管理区，并同样适用于生产区域和车间。合作的各部门在空间上紧密相邻，对研究和发展具有特别重要的意义，因为直接的交流可以促使更快的革新。

为了说明如何经济有效地将企业建筑应用到生产中，戴姆勒·克莱斯勒股份有限公司的弹性生产大厅是一个很好的例子。20世纪80年代和90年代两次重建，因为要改善结构上的设计，最初的投资相当昂贵。可是最后，它们可以更经济地适应不断变化的需求。不需要重大的变动，屋顶结构就能适应建筑和生产设备方面的任何升级改造，甚至包括后来传送平台的安装。

对于工业企业来说，甚至厂房的净高也是建筑结构可持续发展的重要因素。如果拥有所需的足够空间，对安装新产品的生产系统和机器将非常有益，因为不需要根据建筑尺度来定制设备。于是，这就消除了优化建筑和设备所需要的昂贵开支。

这样一来，在建筑方案最初阶段就预先确定公司的发展目标和相应的最终期限，将是非常划算的。由于企业很难做出很长时期的准确预测，所以其长期发展计划需要有弹性的建筑设计作为短期的解决方案。因此，企业建筑可以在经济方面对成功商业颇有贡献。企业哲学将决定建筑的价值范围，以及如何来应用建筑。

企业文化和管理风格

企业哲学是公司管理的概念背景，由没有必要落在纸面上的原则和价值所构成。它形成了企业运作的概念基础，不仅为管理目标提供准则，同时也受管理目标影响。

日本三丰测量股份有限公司（Mitutoyo Messgeräte GmbH），是世界精密测量仪器行业的领军企业。在位于德国诺伊斯（Neuss）的总公司里，它的企业哲学——"优良环境、优秀员工、优质技术"被展示在每间办公室的会议桌上，以确保所有的员工都能意识到。三丰企业的企业哲学，表明一些公司很清楚地知道商业成功与建筑或人员环境之间的联系。这样的做法显示出企业建筑对企业哲学具有影响，至少能对它起到支持的作用。

与企业哲学相反，企业文化融入每天的日常工作中——它是企业哲学的实践。每个组织机构都要发展自己的文化，其共同的理解与信念决定了什么是好或者什么是差，并由此构成了企业自身价值体系的基础。企业文化积极地贯彻着公司的理想目标、概念和价值，公司成员们竞相追逐然而却几乎从未意识到它。"企业文化是一个引人注目的、然而却很难准确定义的术语"，柏林弗雷大学（Freie Universität）教授、组织与管理学系主任格奥尔格·施赖杨格（Georg Schreyögg）在为哈根（Hagen）的芬恩大学（Fern Universität）所写的《企业文化分析》（Diagnose der Unternehmenskultur）一文中这样阐述道。"随后对这个词的特征描述要更准确一些：企业文化是一种本质上难以察觉的要素。

它暗示着行动方向和方法的间接模式，人们需要了解这些，从而使自己成为企业所需要的成员。企业文化因此定义了一个系统范围，并且确定哪种行动方法是被期待的，而哪种不是……除了每家公司都必然存在的所有不同点之外，企业文化给员工思维过程、相互关系、语言和专业行为等方面赋予某种一致性，这样，就创造出了整体的与众不同的印象或者公司的特征。文化在企业中地位越重要，它也就越强大。企业文化在公司中不是有系统地传递，而是通过复杂的方式（无言的课程）获取。在企业文化广泛应用的过程中，那些普遍的、有效的概念和倾向性通过交流传递到下一代。企业文化源于公司的历史。它影响到很早以前——可能是50年甚至100年前——形成的理念和概念的组织方法。"

为了证实上面的例子，让我们来看一下2002年由瑞士尼德瓦尔登（Nidwalden）州劳动部主办的调查，即所谓"人力资源管理：尼德瓦尔登州的企业文化"调查。[5] 结果显示，在全部30项企业文化的影响中，最重要的5项是：（1）相互信任；（2）有意思和有挑战性的工作；（3）有意义和有成就感的工作；（4）团结；（5）独立自主。而从第6位到第12位分别是：（6）工资和福利待遇；（7）个人和专业管理质量；（8）沟通和信息交流；（9）工作条件（工作场所和环境）；（10）相互支持；（11）团队精神的提升；还有最后的（12）员工的活力与支持。除此之外，决策能力和奉献精神排在第14位，奖励目标排在第20位。令人惊讶的是，就业机会居然排在第29位。

特性是企业文化的另一个重要方面，通常意味着连贯性和一致性。心理学用"特性"这个词来表示一致的或同一的形象，企业文化同样帮助员工与公司保持一致。术语"企业特性"包含了企业文化中的特征元素，包括为了形成与自我形象、提供的服务，以及企业运作方法相关联的一致形象而实施的战略性公众联系。企业特性的目标是采用一致的、清晰的、吸引人的方式，把企业的外在和内在特征表达出来。在这里，公司所有的沟通过程都必须是和谐统一的。

公司特性与其形象（企业形象）密切相关，形象本身不仅指可见的外部特征，还包括内在的特点。形象通常描述一种整体的印象，或者在特定情况下，是人或团体对他们自身或对其他人、其他团体和其他事物的想法的总汇。作为一个社会学术语，"形象"可以追溯到盎格鲁血统美国人所做的深受社会心理学研究影响的市场营销研究，其中提到了那些已经通过广告、公众关系和市场营销,为人或产品创造出的"形象"。客户或外界对公司的理解,就叫做企业形象。

不难想像,正如同企业本身不计其数一样,企业哲学和企业文化也有无数种。每个公司都能找到自己实现目标的方式,每个公司都遵循着自己的管理模式。企业文化的另一种表现是管理者怎样运行他们的业务,无论他们的风格是独裁型的、民主型的还是个人魅力型的,总要对企业文化产生特殊的影响,并且,使它取决于管理者的个性和权威。

开创了瑞典家具商城宜家(IKEA)的家装行业先锋,英格瓦·坎普拉德(Ingvar Kamprad)是个很有成本意识、懂得省钱的人,他把个人态度引入了企业哲学。宜家的员工不穿商务正装,管理结构是平板式的,广告甚至显得有点古怪。在他的传记《跟着设计走》(Leading by Design)中解释说,在他看来,朴素是一种美德,欣赏"与众不同"是成功的要素,而承担责任是一种特权。

英国化妆品公司 Body Shop[6] 的创始人安妮塔·罗迪克(Anita Roddick),是一位管理风格讲求民主和道德的首席执行官(CEO)。她的道德规范反映在公司的产品和服务中,他们的理念是与环境友好共处,并且在头脑中设想更好的未来。从一开始,安妮塔·罗迪克的企业哲学就和她的产品一样异乎寻常。罗迪克自己说:"贪得无厌、不顾道德的公司,终将损害他们的业务。"她甚至设法提升消费者对新事件的认识:"现在,购物是政治行为。"

有一个要素适用于每个人:"管理者的企业哲学、企业文化和管理风格必须是一致的、可认知的和可信的。相互矛盾将给员工和外界对象团体造成混乱的影响,因为它们使管理者和公司都显得难以琢磨,甚至显得没有诚信,这是最糟的情况。如果企业哲学、企业文化和管理风格是同步的,那么公司将拥有一个健全的基础,以实现目标,获取成功。

"战略,是发展和利用公司所有资源,以保证最大利润和长期生存发展的科学和艺术。"

赫尔曼·西蒙(Hermann Simon)

管理方法：管理工具

企业目标对于企业成功是决定性的，它从根本上保证了公司的生存发展。为了达成不同的战略目标或者可操作的分项目标，公司管理者将使用基于企业哲学和现行企业文化的管理方法，这将帮助他们达成全部的目标。

在当今大多数公司中，管理方法是企业文化的特色之一。针对各种风格的管理和企业文化，已经发展出了各式各样的管理方法。它们直接推动或者修正和优化企业的工作程序和组织结构。因此，管理方法被应用于不同的"控制层面"，突出不同的主题，来努力实现已经确定的目标。

管理方法为员工提供指导方针。在形形色色的管理方法中，只有一部分延续了下来，它们拥有相似的、有条理的手段。全面质量管理（total quality management）关注程序、资源和产品等各方面的质量；精益管理（lean management）则致力于流线性的程序、结构和系统；KVP方法或称"连续程序改良"（continuous process improvement），着重于长期不懈地发展公司的每个要素；变化管理（change management）侧重调节和引导公司内部长远的变化过程；"用……管理"（management by……）的方法，负责处理管理准则并提供解决方案——主要应用于总体管理目标背景下的组织问题。

管理方法影响着构成公司内部日常行为的各种元素，包括弹性、沟通、活力，以及各种系统和组织结构。正因为如此，它们将被当作建筑设计的元素。

如果我们更近距离地观察包含上述方法在内的管理方法，可以看到，为了达成企业目标，同样的或者近似的设计元素将被反复使用。

管理方法的选择取决于管理风格和企业文化。特别是在大的企业和商号中，它们被用作实施企业战略的全面工具。相反地，小型或中等公司则通常缩减它们的管理方法，往往只有单一的设计元素。

一种共同语言

　　大多数人并不了解,管理方法与建筑师设计建筑的时候使用类似的语言,甚至部分地包含着同样的概念。最常见的全面质量管理方法,支持管理者与员工之间积极的沟通,并且鼓励创造性地达成质量目标。全面质量管理把"适应客户"的质量目标应用于每个层次,包括企业的建筑环境。在精益管理法中,简化的程序、平板式等级关系、简单的解决方案,以及现代而又简便易管理的技术的应用,都在不断增长的生产力中扮演着决定性的角色。员工因为团队协作和他们被赋予的高度责任而变得充满活力。在精益管理法中,弹性、质量、透明程序以及秩序,都被视为企业文化中重要的美德。

　　"连续程序改良"法与精益管理法密切相关。两者主要的差别是前者并不太关注是否将公司的结构重组为平板式的等级关系,而是把重点放在员工自己怎样来贯彻这个方法。他们可以通过公司内部的建言系统来推介车间里产生的想法,或是改进管理的计划。这种方法强调智能技术的应用并支持连续的程序改善,没必要像精益管理法一样喜欢采用简单的技术。

　　"用……管理"法代表了另一种广泛应用的方法,他们同样采用从建筑中发现的概念。"目标管理"建立在对员工透明公开的企业目标的基础上;"成果管理"给员工提供了自由选择的机会,在限制决定目标的自由的前提下,由他们自己来决定如何实现成果。在上述任何一种情况下,员工的活力对公司来说都是决定性的。

　　"分形公司"(fractal company)管理法(分形公司是一个开放的系统,这一系统是由行动独立、目标调整具有自相似性的分形元组成,分形元通过动态的组织结构而形成充满活力的肌体。——译者注)是一种更加空间的概念。依照客户的需求,各种各样独立的公司("fractal")加入团体当中,彼此之间没有直接相连的合作关系。在这里,弹性是非常重要的需求。

　　透明、沟通和创造性——当它们应用于空间设计的时候,只不过是建筑领域也在使用的几个术语。它们不仅作为环境设计的元素,同样也作为应用管理方法的要素。

　　上面所节选出来的各种管理方法,表明共有的概念和语义在企业管理、企业文化和企业建筑之间建立起了跨学科的联系。但是上述术语在这些领域中都有同样的含义吗？这些术语在特定背景下怎样翻译？我们需要一本字典或是一个翻译吗？

为了沟通，人们首先必须在符号上达成共识。他们必须知道怎样解释这些符号，或者拥有所需的时间和耐心来允许沟通发生。语言并不仅仅是单纯的沟通体系，它同样包含着重要的社会成分。当人们进入一个沟通的过程，他们总是试图以自己的经验为基础，解释即将到来的新信息，并把这些信息合并到自己已有的同类系统中去。如果遇到不能够被合并到这个同类系统中的看法，他们就必须改变这个系统，以便更有效地适应新的需求。

当管理者和建筑师讨论公司建筑方案的目标的时候，他们之间的沟通很大程度上也必须进行同样的改变。专长于企业建筑的建筑师对于公司总体的战略目标是很熟悉的，他们意识到在企业目标、企业文化以及管理者用来达成特定目标的管理方法之间，存在着直接的联系。现在，建筑师有义务将他在这方面的知识融入到建筑企划过程中，以便让公司管理者也可以理解。

注释

1. 在名为"2002 法人房地产"的体验调查中，总共有 167 家、总员工人数超过 9000 人的德国公司接受了汉堡大学经济系的安德列亚斯·普弗（Andreas Pfür）博士和汉堡埃弗曼房地产顾问公司（Eversmann & Partner Corporate Real Estate）的内勒·黑登（Nele Hedden）的分析。
2. 彼得·贝伦斯，1868 年生于汉堡，1940 年逝于柏林。他与弗兰克·劳埃德·赖特一样，被视为国际现代主义建筑最重要的先驱者之一。贝伦斯从油漆匠起步，自学成才，并在 1901 年筑造了自己的住宅。1903 年，他被任命为杜塞尔多夫的实用美术学校（School of Applied Arts）的主任；1907 年，被 AEG 聘用为艺术顾问；1921 年，他担任杜塞尔多夫艺术学院（Art Academy）的建筑教授；1922 年，被授予维也纳学院（the Vienna Academy）的教授职务。勒·柯布西耶，格罗皮乌斯和密斯·凡·德·罗都曾为贝伦斯事务所工作过。
3. 这是 2001 年，由作者实行的一项针对 200 家德国企业的体验调查，目的在于探寻以下问题：企业建筑能否影响企业管理？怎样影响？在企业建筑和企业管理的学科之间存在接口吗？是否存在一种需要把工业建筑与企业管理有机地融合在一起，以便支持管理的方法？这种融合该怎样实现？
4. 图里德·赫根是《设计使之完美——在工作、程序和空间之间架起桥梁》（*Excellence by Design-Bridging the Boundaries of Work, Process and Space*）一书的作者和合作出版人。在书中，他探讨了设计良好的办公环境和员工生产效率之间的联系，并简要介绍了麻省理工学院的建筑与规划学院的空间组织研究小组（the Space Organization Research Group of MIT's School of Architecture and Planning）为期 4 年的项目的研究成果。
5. 瑞士尼德瓦尔登州劳动部对其员工进行了一项名为"人力资源管理：尼德瓦尔登州的企业文化"的调查。其目的在于使工作更有效、服务方向更明确而且更加友好。州劳动部同样也希望自身成为更有吸引力和更有竞争力的雇佣者。本次调查分发了 456 份调查问卷，其中 247 份，即 54% 的问卷得到了评估。
6. 莫尼卡·赫根（Monika Högen）著，"Eine Frau mit Prinzipien"；*Die Zeit*，汉堡 21/2001。

建筑管理方法

是不是有这样一种与企业建筑功能相联系的管理要素呢？比如"用建筑管理"？我们已经知道，每种"用……管理"的方法都通过采用某种设计元素，指向特定的目标，那么很显然，我们应把建筑同样视为一种工具，并应用在"用建筑管理"的方法中。最终，建筑师将采用他们自己的设计元素，为公司设计出建筑环境。建筑师们追求的是创造一个整体，那么，建筑究竟怎样才能被用作有效的工具，来协助企业达成它的目标呢？

从最初的策划阶段开始，就可以引入"用建筑管理"的方法了。它将同时帮助建筑师和企业管理者来决定目标、分析管理方法和关键术语。建筑师因此能够发现企业管理与建筑之间概念性的相似点，并在此基础上实施设计方案。

为了实现目标，企业管理者经常使用的典型关键词是沟通、弹性和活力。难点在于怎样划分层次，因为"软件"通常和"硬件"混在一起：软件与人们的知识、技能、态度和行为密切相关，还包括诸如创造性、团队精神、社会能力和活力等品质。软件是可以学到的。这些技能不仅影响与人相关的问题的处理，还影响到自我管理和自我组织的决策。软件中同样含有一些别人所谓的"个性"的东西，这些品质描述了个性化的特性和特点。

可以定量考评的"硬件"包括结构、程序、系统和规章制度，同样也指动机、等级，以及结构组织和程序适应性或工作流程管理的战略。

为了以更准确的方式来研究这些与建筑相关的多种元素，把它们按较为宽泛的主题进行分组是比较有意义的。在这里，商务行政理论的研究非常有用，因为它包含四个重要的设计范畴，特别是因为它采用与建筑相同的概念，因此可以很好地应用在建筑当中。

"用建筑管理"的方法为上述四个设计范畴的详细分析提供了理想的框架，对它们与建筑和商业管理之间的联系给予特别的关注，并且还能确定它们之间的接口。

1. 人员：员工是公司主要的潜在资源和成功的关键要素。当采用员工适应性的管理方法的时候，定位员工的兴趣是公司的首要问题。（顺便提一句，大多数管理方法都把员工看作意义重大的成功要素，因为人力资源使用方面的经济和高效，将提高公司的附加价值。）

2. 结构：结构提供公司的机构和组织方面的信息，管理者因此能够在正式和非正式的信息流动中做出推论。如果引入新的等级层次或工作团队来改变企业结构，将使信息流和沟通发生变化。

3. 系统：为了阐明系统和结构之间的主要不同，我们将使用"系统"来侧重表示技术上的组成和资源，它们相互作用以实现目标。使用现代技术和智能手段，将使公司的效率提高，并致使生产质量和生产工序的改善。

4. 风格：这个领域可以用很多术语来定义：如企业哲学、企业文化、企业特性以及管理风格等。它们都与类似主题相关，有着共同的目标：活力和提高员工效率。

基本上说，这些主要设计范畴本质上是中立和平等的。除非它们被应用在实践中，否则不会发生变化，因为即便是公司所追求的目标也会得到各种各样的评价。在设计范畴中分出等级层次是很有意义的：尽管结构、系统和风格可以被设计出来，但它们自己并不会发生作用，还是要靠人员来扮演积极的角色，所以它必须超越其他方面。结构、系统和风格为公司中的人员提供了框架和有效的环境。

但是，关键的问题是建筑根本没有被当作可能的方法加以讨论——甚至没有被当作支持商业成功的可能的工具。可是，因为大多数管理方法都把成功建立在"人"的基础上，而这些人员必然要在建筑的环境中存在，这说明建筑是有能力给人施加积极的影响的。

设计范畴和设计元素

我们现在要考察一下，建筑师究竟能在多大程度上使用建筑设计范畴和设计元素，影响或支持那些现有的或计划中的管理方法。这样做可能不会导致企业建筑成为管理方法的要素，但它可以成为它们被成功实施的标志。目标应该可以更简化，因为和商业管理相关的设计范畴与建筑设计元素在主题和语义上都具有相似关系。语义方面的相似形成了"企业管理"和"建筑"原则之间的接口。企业建筑是不是可以从仅仅是装饰,变身为企业管理的重要工具呢?

上面所提到的研究[1]是2001年进行的,它在长期遭到忽视的"用建筑管理"的方法上投下一缕阳光。德国200家主要公司参与了调查,内容是以支持管理方法的观点来看,企业建筑和企业管理融合在一起的方法将如何发展。

该调查是在一个研究案例的基础上进行的。这个案例记录了1998～1999年间,德国北莱茵－威斯特法伦州(North Rhine-Westphalia)和巴登－符腾堡州(Baden Württemberg)的100家最具创新意识的公司的想法[2](这些公司被选出来参与调查,是因为人们认为创新型的公司将会考虑,甚至着手企业建筑的问题)。

对该调查的评定刚一完成,其发起人就总结出了四条核心理论:

理论1:企业建筑本身并不是管理方法中的一个元素,但是它可以被当作它们成功实施的一个标志。

理论2:企业建筑本身并不执行管理方法,但是在很多方面,它可以被用作执行它们的工具。

理论3:上述四个源于管理方法的设计范畴(人员、结构、系统和风格),以及它们下一级的设计元素一起,展示出它们与源于企业建筑的设计范畴和设计元素之间的接口。因此,所有这些要素应相互联系着加以考虑。如果把与管理方法相关的单个设计元素转换到企业建筑中,将为达成企业目标提供支持。

理论4:如果企业建筑将用于有效地支持那些可能受到质疑的管理方法,那么必须把它看作企业管理必不可少的因素,并赋予方法论的基础。

当调查进入到如何将建筑融入到公司日常工作的这个问题的时候,结果可谓是形形色色,令人惊讶。

被问到的公司管理者当中,95%的人认为企业建筑不是管理方法的要素。但是对企业管理者来说,把源于管理方法的设计元素转换成公司的建筑环境是非常重要的。于是,最终有47%的公司管理者完全被说服(还有39.5%是部分地被说服),认为建筑环境以及与之相应的企业建筑,可以等同于一种管理方法。

被调查到的公司管理者们认为，企业建筑只能在某些方面作为实施管理方法的工具——然而他们却又在调查问卷中把它评价为重要的、具有影响力的因素。调查中非常有趣的现象是，被调查者反复认识到企业建筑和企业管理之间的接口，而且确认通过准确实施与这些接口相关的建筑元素，将能够达成企业目标。因此，42%的企业管理者明确表示企业建筑设计对他们的目标有影响，46%至少看到了两者之间有部分关联，而8%的人则彻底否认这种关联。

83%的被调查者认识到把企业建筑和企业管理结合起来的重要性。这表明企业管理者认识到企业建筑的设计潜能与管理方法的实施之间存在着联系。甚至那些反对将建筑与管理系统地融合在一起的公司也如此，他们坚信管理团队和管理者在这个问题上会全力以赴，这就再一次强化了企业建筑的重要意义。

最初的结论之一表明，将来在这方面会有所需求：尽管大多数的公司管理者并不把建筑看作管理方法中的一个要素，但是他们却认识到并利用企业建筑作为商业成功的工具。除此之外，他们普遍同意企业建筑的设计能反映出公司的管理方法。被调查的企业管理者们实际上很清楚，为了成功地实施管理方法，完整的程序是很有必要的；也就是说建筑必须被提到议事日程上来。建筑只有被系统地纳入到企业管理当中，才能够成为成功的要素。

换句话说，我们需要一种方法，它能通过建筑整合到企业文脉中，并同样支持企业管理的需要。因此，让与管理方法相关的设计范畴去适应建筑是比较合理的。这不仅在管理方法和企业建筑之间发展出了共同语言，同样也能辨识出它们共有的品质。

我们在前面所提到的、从商业管理理论中提取出来的四个设计范畴，以下列形式反映在建筑中：

1．人们的活跃和安宁需要一个结构环境。建筑能以各种各样的途径满足这些需求。

2．建筑创造出了内部和外部结构并且维持着秩序。

3．技术系统和资源是建筑本身的特征，但是同样可以通过建筑使之变得有形、有功能。

4. 在建筑中，风格主要指外部的造型，无论是有意还是无意，针对建筑师、委托人、所有者和使用者表现出完全不同的效果。

于是，当面对建筑目标和建筑哲学的时候，连建筑师都在策划阶段中提到这些设计范畴。很显然，企业建筑和管理方法之间的接口在实际中是存在的。

和这些与管理方法相关的设计范畴类似，有些细部设计元素可以纳入到这四个设计范畴的任何一个当中。

有些元素可以在一个或几个范畴中找到，但是需要以不同的角度来看待（比如，人员与结构的弹性，等等）。对设计范畴的观察同样揭示了主题上的重叠性。与此同时，不同的设计元素之间也有接口，它们因此必须被视为一个整体（例如，沟通和透明）。

上述四个设计范畴和最普遍、最特殊的设计元素将在后面的内容中加以更详细的解说。在管理方法的环境下，它们通常被称为"核心要素"，而且同样可以在建筑语汇中找到。因为一些设计元素展现出接口或重叠部分，甚至经常互补，所以它们不能被看作是完全独立的。这能够产生积极的侧面影响，一些源于管理方法的建筑设计元素将会相互促进，它们甚至可能在单项建筑工具的帮助下同步实现。

为了说明这一点，可以举一些例子：比如，沟通、透明和活力是互相支持的设计元素。设计成透明的和有条理的工作场所，能够鼓励员工之间的交流。重要的信息因此交流得更快、更容易，人们觉得彼此之间更亲密。而这一切恰好激发了活力。

确实也同样存在着相反的情况：四个设计范畴经常包含着同一个可以用不同方式诠释的设计元素，这样，在设计的时候，就很容易从一个范畴偏移到另一个。比如，在建筑中"弹性"的概念被应用于结构（建筑的网格尺度和立面结构）和内部系统，例如墙壁和技术设备。但是，在商业的概念里，"弹性"却通常被理解为下列含义：一个公司需要弹性的员工以便适应不断变化的市场需求。这些员工必须愿意让自己的工作流程和思想过程适应空间和技术上的环境。公司也同样需要有弹性的技术系统，并且在某些情况下，能够根据工作环境中的空间结构进行调整。这种适应性同样是弹性管理模式的一种表现。在企业建筑中，它可以意味着具有弹性的建筑网格，能够改变的空间结构，能够通过在墙壁中、地板下或顶棚上穿线槽来适应或改装的信息系统。

真实性vs对与错

无论企业管理者和建筑师（在双方很理想地合作的情况下）做出什么样的决策，当它成为清晰的建筑元素，以及转化为可能的建筑的形式的时候，就没有什么"对"与"错"了。建筑仅仅需要满足一座真实存在的楼宇的要求，需要与公司的目标相一致。即便源于管理方法的设计范畴和设计元素，包括主要的细部，都展示出与企业建筑中的范畴和元素的概念上的相似性，然而很显然，不是所有这些设计元素都能在建筑中找到同义词，或者能适应该建筑。但是，那些能适应真实的企业文化的术语，还是能反映在企业建筑中。本书中总结出来的设计元素并非无所不包，而是相对来说更对应于企业管理。我们的目标是分辨和描述那些有创造性的企业建筑的卓越实例，它们是企业管理者和建筑师之间更深入讨论的基础。

大家在本书中反复遇到的术语"企业建筑"，就很精确地描述了这种相互作用。企业特性的目标在于：用协调一致的、清晰的、吸引人的方式来表述公司的内在和外在形象。为了实现这个目标，公司必须把尽可能多的沟通方式统一起来，这其中就包括建筑。

在持续变动时期，让员工效忠于公司是非常重要的。为达到这个目的，形象塑造过程是必需的，同样可以通过建筑反映出来。术语"企业形象"是由广泛的特征形态方式所组成，其中包括信笺抬头、企业logo、广告策略以及产品设计、建筑外形和内部的设计。在这种环境下，企业特性可以通过两个方向来操作：从公司内部到员工，以及从公司内部到客户。策划中的外向的企业特征可以通过合适的建筑设计来表达。但是，这种建筑却往往不适合于当前的环境。就连持续不断装饰和设计的展示厅也是外向型的特征战略。在建筑术语中，对内指向型的特征战略包括设计，首先要考虑员工所需求的空间环境。

在这一点上，德国的B.布劳恩·梅尔桑根股份有限公司（B.Braun Melsungen AG）工厂是成功的范例。它是一家生产和销售健康护理、化学及医药制品的国际集团，生产范围还包括外科手术工具和医疗用品及设备。它的成功在于创新性的发展，以及在医疗、化学和制药领域的闻名全球的高品质。

这种创新和品质的概念通过建筑表现在梅尔桑根公司所谓"工业城"（City of Industry）的生产设施中。建筑师詹姆斯·斯特林（James Stirling）和迈克尔·威尔福德（Michael Wilford)把任务书变成了一座设计得非同寻常的建筑，它的品质堪称完美。整座城都是建筑的创新，并且阐释了委托人的哲学。梅尔桑根公司为它的企业文化赋予了可见的外部形象，也同样把企业文化带到了建筑内部的生活中：最近几年，梅尔桑根公司的团队合作已经在内部的很多位置得到了加强。当需要对市场需求做出弹性反应的时候，它同样开始采用移动工作位来创造空间。

软件巨头微软公司（Microsoft）是企业文化真实性的另一个实例。开放和透明牢固地树立在微软的企业文化当中。公司创始人比尔·盖茨（Bill Gates），开放而准确地传达着他的战略和目标。他的建筑战略目标之一就是：在西雅图的公司总部为每个软件开发人员提供一间私人的办公室，四周以玻璃围合。除了能够看到周围广阔的景观，这座大楼对需要集中精力的工作来说也足够安静。这样一来，透明作为一个设计元素，不仅反映在管理技巧中，也同样反映在企业建筑中。

我们注意到小型公司往往非常合乎逻辑地、严格遵照个人需要来设计建筑环境，这一点非常有趣。私人拥有和运作的商业或者小办公室，很快就认识到什么最适合它们，什么最有利可图。他们把自己的目标内在化了，并且很快就知道什么样的设计对它们来说是最真实的。

相反地，中型公司却经常认识不到战略性的企业建筑的重要性。公司历史和财政方面的制约让中型公司的管理者很难在设计上投资。但是在这里，成功者或公司继承人比临时指派的企业管理者更容易明白，留下一座持久的、可持续发展的公司建筑有多么重要，而临时管理者经常只是扫了一眼当前的股票价格，就决定了建筑方案。

中型公司的管理者往往认识不到建筑的潜在能力，或者不能对它们加以系统地利用。不过，VS（Vereinigte Spezialmöbelfabriken，以下均简称"VS"）股份有限公司算是一个例外。该公司位于德国的陶伯比绍夫斯海姆（Tauberbischofsheim），是一家办公家具的制造商，它的管理和商品展示大楼是与斯图加特的建筑师贝尼施（Behnisch）及合伙人合作建成的。[3]

这座独特的建筑实例满足了企业对名望的追求，同时，由于它具有开放

式的建筑结构，从而获得了空间和功能分区上的灵活性。用于展示办公及学校家具的展厅是一个连续的大空间，里面只用寥寥几根立柱进行分隔，空间格局非常灵活。因此，在任何时候，都可以轻而易举地为单独的家具系列布置新的展会。而办公区的便捷隔墙系统则保证了日常工作所需的灵活性。

  VS大楼的另一特别之处是自助餐厅的灵活使用。在晚上，它往往用作音乐会或剧场演出等公众活动的场所。这种形式的透明是非常有益的，它使得居住在城市里的人们都知道了这家公司，否则的话，他们是不太可能直接与VS公司发生联系的。

  另一个值得一提的范例是德国吉尔西本两合公司（Giersiepen GmbH & Co.KG），也就是大家通常所说的吉莱（GIRA）公司，它是一家生产高质量开关、设备架以及其他建筑服务设施的公司。吉莱公司的管理层认为，企业文化是极为重要的，并且将它以很有代表性的方式体现在位于拉德沃姆瓦德（Radevormwald）的生产基地中。通过和杜塞尔多夫的英根霍芬·奥弗迪克

图 6 <
布劳恩·梅尔桑根公司管理大楼的前厅，为人们提供了办公室以外的临时工作场所

(Ingenhoven Overdiek) 建筑事务所合作，他们给公司的企业哲学赋予了令人印象深刻的视觉形象。内外透明，以及创新性地把大楼的服务和能源供应系统结合起来，让这两座平行的建筑物别具一格。这组建筑中的灵活性受到了特别的关注：如果需要的话，隔墙可以抬高或迅速移动。另外，由于供应能源的管线都从架空的楼板下面穿过，而且整座大楼的楼板荷载都设计成了最大值，所以机器可以随时移动，生产或办公空间也可以随时改造。这就使得吉莱公司能够针对市场变化做出非常灵活的反应，产品因此能够适应市场需要。

上述这些例子表明，一些公司已经对建筑给予特别的关注。而且正因为如此，它们的外部形象与企业文化也真正相互联系在一起。然而，大多数公司仍然没有认识到，这种具有创造性的影响将对公司的成功具备怎样的潜力。随后将分析的四个设计范畴——"人员"、"结构"、"系统"和"风格"——意在帮助企业管理者和建筑师更有效地实施企业建筑。

设计范畴：人员

人员是设计作业真正关注的焦点。因为他们不仅是生产的决定性要素，也是创新和变化的源泉。当产品和信息科技对工业生产环境施加了意义重大而且持续不断的影响的时候，我们在此基础上更进一步深入考察，却发现它们只不过是员工手中的工具和设备而已。员工的头脑中拥有最重要的生产手段，他们提出新的想法，优化生产工序。人员具有推动公司持续发展的潜力，并使它不断优化以便更加适应市场变化。

长期以来，高效的人员管理和有效的合作被视为企业管理的重要的战略性成功要素。而实践则清楚地表明，只有追求面向员工的企业目标，才能实现面向金融、市场营销和产品的目标。

已经有多项研究把员工当作关键的成功要素来关注。例如，曾经有一次面向大约 7400 名员工的调查，名为"工作的新品质——员工眼中的需求"，其结果生动地显示出员工的表现是公司成功的最重要因素。这项 2005 年由"新品质工作机构（INQA）"委托进行的研究[4]，着重考察"软件"例如活力、满足感、对职业的认同感以及对好工作的认可。结果证明，让人喜欢的工作和好

图7 <
有自助餐厅的VS管理大楼为员工和来访者提供了一个会晤的中心场所

图8 >>
享有盛名的展厅和公司管理大楼融为一体

的工作条件拓展了企业的竞争力和创新性。研究发现，德国的绝大多数员工都是积极向上和努力工作的。几乎3/4（72%）的人为自己的工作感到骄傲，而几乎2/3（64%）的人指出，他们"总是"或者"经常"从工作中得到乐趣，54%的人甚至说他们的工作令自己感到兴奋。但是这项研究同样表明，公司必须而且能够改善多方面的因素，以便最大程度开发员工的潜能。例如，61%的被调查者说他们几乎很少因为工作得到感谢。差不多1/4（21%）的人觉得对他们的知识和技能来说，工作没有挑战性。而2/3（66%）的人则希望继续磨练他们的技能，并承担责任更重大的工作。

与该项研究相关的，INQA采用面向员工的企业管理作为标准，来判定什么是"德国最佳老板"，有趣的是，绝大部分被挑选出来的公司，所提交的调查结果都超出上述平均水平。在50家胜出的企业中，71%的回答者说他们从上级那里得到赏识，89%的人指出，他们为能在自己的公司工作感到骄傲。而这些公司的资产负债表显示，在劳动力方面投资，就等同于在企业成功方面投资。

上述事实强调了鼓励员工积极参与面向成功的管理方法的重要性。如果一种方法能被员工理解并乐于采纳，那么他们将把它和日常工作结合起来。工作流程将得到改善，新的想法层出不穷，表现出的工作质量和效率都有所增强。这种必需的工作态度，只有在适当的企业文化中才能产生。公司必须向所有的员工传递这样的信息：作为企业成功的要素，他们是多么重要。最后，管理方法是否能够有效地执行，取决于它们是否能被员工接受，因为他们才是这些管理方法的应用对象，他们参与到变化过程中。员工的个人行为和福利与公司的成功之间有着显而易见的联系。公司首先必须得做好铺垫工作，让员工明确知

"除了为经济成功奠定一个强有力的基础，公司还可以通过选择和任命员工，在工作成绩的质量和效率方面产生意义重大的影响。"

——托马斯.J.彼得斯，罗伯特.H.沃特曼
(Thomas J.Peters, Robert H.Waterman)

道他们的职责是什么，以及他们能从优化的工作环境中得到什么好处。

——如果人员是公司成功的最首要的因素，那么只有将他们与企业建筑联系起来考虑，才是合情合理的。这样做的理由是因为企业建筑首先"服务于"人——也就是员工和公司管理者。在建筑中，人经常被描述成"一切事物的尺度"，并理想地提供了某种人性化的准绳。如果企业期望员工为达成公司目标做出成功的贡献，那么企业建筑和工作环境必须能够精确地满足他们的需求。具有高质量的工作环境的公司能够在全球的竞争中独树一帜，因为它们拥有最好的、最具创新精神、最高产的员工。这就是我们为什么要密切关注那些直接影响到人的企业建筑设计元素：沟通、活力、创造力和弹性。

沟通

沟通是企业文化的核心概念。沟通描述了信息发送和接收的过程。它可以通过手势、口头表达、语言以及形式主义的沟通系统来进行。因为建筑师同样希望他们的建筑能够"易读"和"易懂"，于是，我们在阅读有关建筑的描述的时候，就经常会遇到术语"建筑语言"。将建筑和语言相提并论的趋势有可能是起源于它的公众影响或具象性的目标。在《后现代建筑语言》（The Language of Postmodern Architecture）[5]一书中，美国建筑理论家查尔斯·詹克斯（Charles Jencks）首先把"建筑语言"一词引入到建筑评论中，试图描述当代建筑的风格。

"智力物质流"（即组织中的知识和决策流）是看不到的，但是却实实在在地存在于公司当中。在很多方面，它与实体物质流和产品流是相似的：如果它的流动被打断，那么可能的解决方案可能也就此终止了。所以，如果公司是为了成功而奋斗，就必须分析"沟通"，使它适用于企业的内部目标宗旨，并把结果投入实践。

在广阔范围内的快速信息交流以及获取信息的便捷途径，已经成为我们当前社会令人瞩目的、本质的特征——特别在近20年内更是如此。迅捷的、详细的信息已经被当作是在竞争中占据优势的关键。沟通结构越有效、越高效，公司的生产力就越强。

> "人类精神生活的每种表达方式都可以被理解为一种语言，这种理解像真正的方法一样，在各处引出新的问题。我们可以谈论音乐或雕刻的语言；可以谈论司法的语言，这与用德语还是用英语审判没有关系；可以谈论技术的语言，而它并不是技师所独有的特殊语言。"
>
> 沃尔特·本杰明（Walter Benjamin）

在全球化的商品市场中，准确的交流加速了信息的传播，并且提高了决策制定能力，决定了一个公司的竞争优势。

在美国马萨诸塞州剑桥市麻省理工学院进行的一项研究中[6]，研究人员发现，超过80%的创新想法来自于直接的交流。尽管工作人员如今经常利用以媒介支持的沟通工具，例如电话、传真、邮件消息或电话会议——但这些渠道不能完全取代面对面的交流。直接的眼神交流，身体语言（包括手势和面部表情），甚至气息，所有这些都是口头语言的补充。

另外一项有趣的研究[7]，是由德国曼海姆（Mannheim）的心理学家沃尔夫·伯特伦·凡·俾斯麦（Wolf Bertram von Bismarck）和马库斯·海尔德（Markus Held）进行的，它使人们准确地理解了这一点；即，非正式的交流将促进工作间内的合作，这比技术上的问题更重要。这里有个细节非常有趣：在绝大多数情况下，非正式的谈话都发生在走廊或者其他交通区域内。员工之间不经意的"会议"占了公司沟通总量中相当大的比例，而且对员工在工作场合是否感到舒适自在起到重要作用。这种类型的非正式沟通促进了合作、化解了潜在的冲突，并且对关键的决策和工作评估来说非常重要。正因为如此，所以研究的发起者们很难理解，尽管这种交流形式在管理知识中很有优势，但在建筑和室内设计中却仍然得不到持续的支持。除了很少数公司据此设计和布置它们的房间之外，大部分公司都无视这一事实，即，要想取得长期的成功的话，沟通必须在建筑中扮演重要的角色。

不过，不是所有的执行管理者都在他们的工作位上呼呼大睡。很多公司为了缩短信息渠道、加速信息交换，已经简化了管理层次。这些公司掌握了一个事实：员工和管理者必须得到简单的、直接的、跨越所有组织层次的沟通机会。

就这一点，可以毫无疑问地说，与"普通老百姓"直接接触，对企业管理来说是极其重要的。这是管理者感知、了解公司内部到底发生些什么，以及判定员工怎样响应决策的惟一途径。有个著名的战略——"四处闲逛着管理"（management by wandering around），号召管理者们定期和员工聊聊天，关注生产和产品的发展。

这样一来，如果公司希望对市场变化做出迅速和灵活的反应，那么就需要创造出特殊的空间形式来支持和加强沟通。员工必须能在任何时间交流和分享信息，以便工作流程得以优化，速度加以提升。这种意在通过空间条件的手段促进内部交流的方法，可以被恰当地描述成"空间管理"。作为工具，这种方法除了在分散的组织结构中加快学习过程之外，还能够提高和加速创新方案的产出。人们已经对室内设计给了大量关注，为每个不同位置的员工创造出办公空间，以及很多其他类似的方面。但是决定员工之间交流的最重要的战略元素却经常被忽视。不过，在特殊设计要素的帮助下，建筑和室内设计可以创造出不同的空间特性，支持甚至鼓励交流。

我们如果近距离地观察那些源于"由内而外"的空间组织原则而形成的各种交流空间（比如，也就是从工作位和交通区到会议室、自助餐厅和走廊），那么"用空间管理"怎样成为交流的倡导者就变得很明显了。在所有这些场所，空间管理方法可以引发适应工作流程的正式的（计划中的）交流，同样也可引发非正式的、"随意的"和无拘无束的交流。

在员工从事工作的区域中，可以利用玻璃隔墙和低于视线的隔断来鼓励交流，或者放弃隔墙和其他声学障碍物来鼓励交流。"桌对桌"的谈话正变得越来越重要。开敞的结构，例如小组或团队办公室，比封闭的个人办公室或小工作间更能有效地支持沟通和日常工作流程。当然，员工所承担的职责将决定工作场所沟通的方式和信息交换的频率。传统的办公隔间（office cubicle），主要沿着走道的两边排列，每间安置2～3名工作人员，他们既能凑在一起，也能互相交流。这种类型的办公室在员工中非常常见，因为它以一种平衡的方式反映设计元素。

分析了曼海姆的柏林格（Böhringer）公司的信息流之后，1958年，格布吕德·施内勒（Gebrüder Schnelle）管理咨询公司推荐采用开放式办公室（open-plan office）来替代办公隔间。抛开了所有管理层次的象征性的外表，开放式办公室表达的是更民主的哲学。办公室中的隔墙被取消了，以便促进交流、加强人与人之间的联系、提高工作流程的透明度。在20世纪70年代，办公室设计者都非常喜欢开放式的概念，但是，工作位之间过于亲近，并且缺乏视觉和听觉上的屏障，导致需要集中精力的工作很难开展。

这一认识帮助今天的设计者重新设计空间结构并适当缩小尺度。"团队房间"（group room）或"团队办公室"（group office），目的是发挥开放式办公室的有益设计元素（交流和透明），同时在大空间中为小团队的工作人员设置封闭的区域。在这里，员工之间的直接接触和非正式交流仍然保持着，而其他的空间则为正式的交流服务，例如谈话或讨论会。

从团队办公室进一步发展出来的是"复合办公室"（combi-office），这最初是来自北欧的想法。它与团队办公室不同，因为它为团队交流和需要集中精力的工作都提供了界定清楚的空间。后者指个人的、部分被玻璃围合的工作位，空间上经常规划得很好。员工可以进入到这些有时候被称为"思考室"（thinking cell）的个人办公室里，这里往往只布置一张书桌和必要的沟通工具。这样的工作环境在软件开发类的、提供知识服务的公司中特别流行。大部分情况下，员工在有厨房的中心区或者有打印机、复印机的公用设备区进行非正式会面和交谈。而正式的交流则发生在小讨论区或小会议区内。

介于团队办公室和复合办公室之间的"混合办公室"（hybrid forms）已经被证实是最成功的形式。其中一种解决方案是圆形的办公室中设有一个中心交流区，里面包含技术设备。沿这个中心区边缘排列的是"思考室"，员工在这里可以集中精力做事，当然，这需要取决于他们所从事的工作类型。午饭之后，人与人之间的沟通加强了，员工们可以利用中心区的大空间，和同事们三三两两地坐在会议区里，一起做某个方案，或者在会议室约见客户或供应商。休息的时候，他们可以在厨房里喝一杯咖啡，并且和同事们分享信息。

从复合办公室发展出来的一个概念是"商务俱乐部"（business club），这种类型的办公室主要由独立工作的专家和小团队使用。商务俱乐部从复合办公室的形式中，借鉴了利用设备区来提供办公设施、会议区和会议室的理念。无论正式的还是非正式的交流都可以在工作位附近进行。

图9 >>
团队办公室鼓励员工之间的直接交流

图10 <
玻璃围合的复合办公室适合需要集中精力的工作

复合办公室和商务俱乐部的不同在于组织层次：复合办公室是公司内部的空间组织形式，而商务俱乐部更主要面向外界。人们更愿意使用与"商务中心"有关的术语"商务俱乐部"，它向独立从业人员、专家和私营小公司出租具有完备基础设施的办公空间。对这些公司来说，商务俱乐部是一种组织形式，具有很大的弹性而且成本很低（因为共用设施的缘故）。它为核心的业务领域提供了尽可能多的资源。

在每个办公区域中，无论是空间布置还是建筑结构都对促进沟通起到重要的作用。高度适合站立使用的餐柜和桌子，显然更经常地被员工用作短时间的、自发的讨论和信息交流场所，这很有助于作出更快捷的决策和成果。同样的情况也切实发生在没有被柜子和架子隔开的工作位之间。

我们前面所说的曼海姆研究，强调"通道路径"与员工之间自发的、非正式的沟通有密切的关系。复合办公室和商务俱乐部的实例则证实了这一发现。然而令人惊讶的是，在企业建筑设计的时候，恰好是这些区域，例如走廊、等待室和接待区，仍然在很大程度上被忽视了。然而，接待室，尤其是一座建筑中人们会面和展开讨论的第一个场所，它们是公司的名片，也是真正的客户交流中心。因此，绝不能给客户留下这样的印象：接待室只不过比边边角角的零碎空间稍微好点儿，但也有限。

公司各自的企业文化决定了小型的、令人愉快的会客区或吸烟区的空间排列形式。设计这些区域的时候，建筑师必须记住，这里很有可能受到老板的直接监控，因此并不能成为员工们经常性的非正式交流场所。

比较明智的做法是利用茶吧、自动售货机、公告板，以及其他由通道交叉点附近的部门共同使用的区域。在这里，精心设计的汇聚灯光、隔架和座位排列的方式，都能促进部门之间的信息交流。

在生产区，同样也需要设计相当于茶吧的公共休息室或休息区。噪声、灰尘、缺乏日光、单调的工作，导致员工很难在生产上集中注意力，因此生产区休息室的设计必须考虑到这些因素。主要方法包括创造出安静闲适的"小岛"，让员工能在短暂的休息时间内尽快恢复活力并集中精神。沟通之所以在这些工作环境中至关重要，原因是显而易见的：因为企业期望员工具有高度的责任感，而人与人之间的交流可以有助于满足这一需求。在一些公司里，把休息区直接安排在组装流水线上已经成了惯例，这样员工就不需要走很

图 11 <
前厅的开放式空间提供了会晤和交流的场所

图 12 >
电梯前的通道设计得很有针对性,当人们等电梯的时候,他们互相交流

远才能得到休息。

自助餐厅是"用空间管理"方法的更重要的例子。自助餐厅毫无疑问是不同部门和不同组织层次之间进行非正式交流的中心设施。此外，自助餐厅的设计是管理者关心员工的最佳体现。大型的公司也利用自助餐厅作为与客户或供应商之间进行午餐会晤的场所。共进午餐在员工和来访者之间产生了良好的沟通动力。因此，自助餐厅给人留下的印象绝不可轻视。过去，它可能主要用于午餐休息，但在将来，它将同样可以成为一个绝佳的会议和讨论场所。

"客户中心"和陈列室也要与自助餐厅相提并论。它们的位置通常十分接近，甚至在同一座建筑内。它们为客户提供了对公司的最初印象，开启了一扇观察公司的窗口。

前面提到过的 VS 公司利用其自助餐厅开创了新局面。20 世纪早期，VS 只是著名意大利学者、教育家玛丽亚·蒙台梭利（Maria Montessori）所设计的家具的授权生产商。现在，VS 公司在晚上向社区和文化协会开放自助餐厅，用于公共事业，这与她的观念正好是一致的。戴姆勒·克莱斯勒公司把它位于拉施塔特（Rastatt）的客户中心用作公众事业的集会处，而不仅限于与汽车相关的主题活动，这正是与潜在的未来客户接触的理想方式。

实际上，非正式的沟通可能同样适用于正式的或者"组织化的"的讨论：关心可持续发展的公司管理者，同样重视传统的、设计出来满足沟通需要的会议室、陈列室和训练（会议）中心。尽管新传播手段和最先进的技术层出不穷，但是传统会议场所并没有失去其重要性。实践表明，在建筑结构能够快速改变的工作环境中，人们更需要建立在固定基础上、具有持续性和安全感的交流。

小会议室的位置安排应当能够反映出其使用目的。如果员工之间经常需要讨论，那么它们应该靠近办公室；但如果会议主要由来访者参加的话，建议把它们的位置放在公司入口附近。否则的话，来访者就不得不在大楼中穿行很长一段距离，看到他们不应看到的。

在传统的会议室和讨论室中，桌子往往布置成典型的长条式或流行的马蹄形。但是，多数人在圆形或椭圆形的桌子旁边会觉得更舒服，已经是不争的事实。有意思的是，"风水"理论认为圆或椭圆对讨论来说最为理想，因为它们能激发创造性，鼓励产生新的想法。

图 13 >
大厅中的等候区域也可以用于非正式的、短暂的会谈

图 14 >
公司鼓励员工在茶吧中进行非正式的交流

图 15 <
公司的自助餐厅是员工和来访者的交流中心

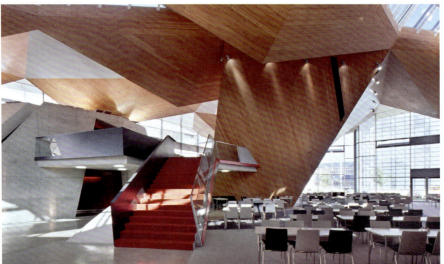

图 16 <
自助餐厅开放式的、吸引人的设计,是沟通的良导体

图 17 <
自助餐厅使自发的交流变得很方便

目前，大公司越来越倾向于在外面的会议中心开会，因为员工更容易抵制从会场回到工作中的诱惑。当他们身处于不同的环境中，思想更能向新的想法开放。

——如果企业文化赋予"沟通"特殊的地位，那么就必须在建筑中有所反映。能够支持内部工序，同时促进信息交换的沟通型建筑，是在公司提出特别需求的情况下才能产生的。有效的、高效的沟通结构，保证了公司获得更高层次的生产力。

活力

有活力的员工是公司的最佳代表。他们对自己提出很高的要求，乐于承担责任并贡献点子。他们不仅表现出团队精神，积极推进交流，还和大家共享重要的信息，并为企业发展提出建议。他们可靠、工作努力、互相支持、精神状态良好而且很少生病。他们创造出令人愉快的工作环境，确保沟通顺畅，从而提高了公司的效率，为今后的发展提供保障。

有活力的员工把他们的工作放在优先位置，并且努力提高自己的生产能力。因此，几乎每种管理方法都把"活力"设计元素当作公司成功的工具，这并不奇怪。但是，只有当员工拥有理想的工作条件的时候，他们才能准备好努力工作。

对有活力的员工来说，一个令人愉快的工作气氛是基本条件，它能使人对工作产生热情。对他们来说，除了良性循环的合作之外，拥有适宜的、令人兴奋的工作环境同样是至关重要的。这包括工作位的布局，以及精心设计的、功能优化的建筑。相当多的建筑元素可以用来刺激员工的情绪、思想过程和进取心。例如，除了使用不同的建筑材料和色彩之外，建立尺度人性化的个人空间、创造建筑内部和外部的良好景观、设计一座"散步场所式的建筑"、设定遍布整座建筑的有创意的通道，都是有活力的建筑的特征。

空间印象上的刺激，不应该让员工感到混乱和疲惫。有活力建筑应该试着提供导向性。换句话说，把不同功能的区域设计得各具特色，有利于形成更好的系统，激发工作情绪。

> "任何了不起的成就都离不开饱含激情的狂热。"
>
> 阿道夫（弗雷德里克·路德维希）·弗莱黑尔·凡·克尼格
> Adolph (Friedrich Ludwig)Freiherr Von Knigge

除了引人注目的建筑外观设计，另外还有一些重要因素也影响到员工的活力，例如空间的变化（房间的大小，顶棚的高低，地坪的错落）和视野（看到不同的空间，看到外面，从一个房间看到另一间）。开放式的空间结构让人感觉规模很大，这有益于开展工作和进行沟通。而封闭的空间则更适合于理性的工作和需要聚精会神完成的任务。

对于办公室和工作场所来说，除了空间结构之外，色彩的心理影响也同样十分重要。颜色以各种各样的方式发挥着影响，如果房间的颜色太浅或太单调，那么就显得很不让人愉快。通过有策略地选择颜色和材料，建筑师能让空间产生"沉静缄默"或是"欢欣鼓舞"的不同影响。高技派的设计，充斥着单调、冷酷的蓝色、灰色或银色，并不能为工作环境带来什么活力。同样的，也不能充分激发员工的情绪或者抑制不安。然而，尽管颜色的影响广为人知，但办公环境中对颜色设计的讲究却尚未普及开来。公司仍然不顾所有那些有关颜色心理的知识，主要采用自然的白色或灰色，同时利用色彩丰富的办公椅使之具有变化。

即便仅仅是部分地采用强烈的色彩，比如彩色墙面、彩色家具或彩色绘画的方式，都能强化总体印象，创造出吸引人的平衡感。颜色给予人们的影响，就象颜色光谱一样了不起。

为特定的工作选择正确的颜色，能够降低错误发生、员工生病和人员更新的频率，而且还能提升工作动力。这样一来，不同的色调，特别是深浅不同的青色，通常有助于有逻辑，有结构的思维。而涂成暖色调的墙面，可以平衡它的影响；例如，黄色有助于交流、乐观主义、渴望，并且能激励和鼓舞人心；红色和橙色的组合对于激发内向的职员很有效；等等。个性化的颜色设计对长时间在同一房间内工作的员工特别有好处。对于临时性的工作位来说，采用彩色隔墙不失为一种可能的解决方案。

图 18 <
浅色的木板为这间传统的会议室添加了友好的气氛

图 19 <
这间讨论室由自然光和浅色的材料来分隔

图 20 <
大楼前的广场成为核心的聚会场所

图 21 <
景观设计有益于在室外进行的交流

图 22 >
甚至屋顶也能设计成交流的场所

图 23 >
自助餐厅成了休息时会晤和交谈的地方

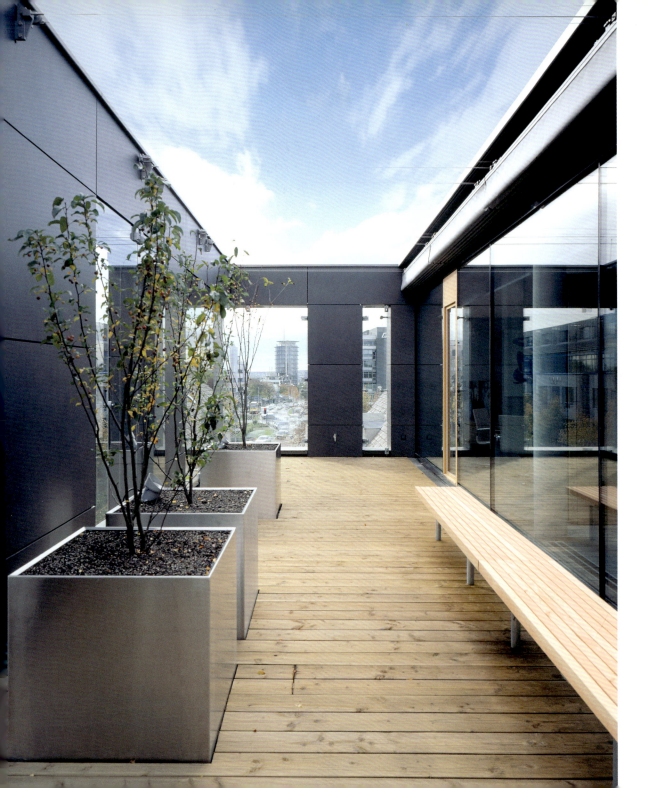

图 24 <
屋顶平台是一个超越传统意义的休闲区，有助于激发员工的活力

图 25 >
从玻璃围合的屋顶平台能够看到周围的景观，这是个非常棒的休闲场所

如果不讲究光线的话，色彩设计是无法实现的。色彩和光线相互补充，为员工的凝聚力施加积极的影响，而且有助于防止疲劳。在视觉适应性系统中有策略地使用色彩，能够让建筑和房间产生轻盈的感觉，使之成为令人难忘的建筑。房间里家具和照明的概念，则提供了期待中的氛围。

工作环境中形式、色彩、光线和材料之间的相互联系，被称作视觉人体工程学，它能够激发员工的活力和创造力。

不仅基于人体工程学的建筑设计和室内装饰有助于创造出活力十足的工作环境，工作位空间排列和办公平面的不同类型，同样也是为公司内部最佳的合作和交流提供保障的基本要素（请看"沟通"一节）。

2002 年，德国工研院 (the Fraunhofer Institute for Industrial, 即 IAO) 开展了一项名为"办公室角色"的用户研究，结果表明：在空间质量各不相同的区域里工作，而不仅局限在一个工作位上的员工更有效率、有活力。这一研究的目的是界定办公室内与员工生产力和活力有关的因素，评估办公室在生产中所扮演的角色，检测与提高时间资源和人力资源相关的方法。为了实现这个目的，研究人员一共调查了 733 位在不同部门上班的办公室员工。他们最主要的发现是：由不同类型的办公室平面布局构成，空间特点针对员工的不同需求而发生变化，这样的工作环境能够获得最高层次的工作动力。

IAO的研究表明，与"人"相关的活力设计元素，远比办公室的特殊平面布局带来的活力更重要。当前，有20%的员工是"现代知识生产力"，而且还有明显增长的趋势。他们拥有与办公室平面布置方式无关的高水平的活力，因而工作往往比其他员工更有成效。这项研究证实，"人"以及他们的需求和情绪上的态度，是未来的生产力源泉。

——在公司的生产力中，员工个人的活力扮演着重要角色。这是公司之所以要开发建筑和设计方面的潜能的另一原因。建筑师通过创造令人愉悦的、变化丰富的空间来满足不同员工所需的工作环境，提高工作气氛。

创造力

一般来说，创造力描述了这样一种能力：用创新的、前所未有的方式，把现有的知识结合起来，并重新构建并（或）摆脱传统的思维和行为模式。很多专家认为，创造力不仅存在于艺术的领域里。从事发现、发明、创造和策划的人们，都表现出了非凡的创造能力。他们批判地观察事实和数据资料，提出超越传统的方案。创造力究竟如何起源？人们对此所知甚少，但对于"创造性"却颇有研究，并且发展出很多试图评估创造力的测试。作为一种发明的能力，创造力的确满足了自我保护的本能。它需要知识和经验的积累。

公司可以通过开发员工的创造力，以及对他们的创造力给予最大程度的支持，由此提高自己的竞争力。员工的创造力对于企业创新能力来说是最基本的条件。公司必须多加小心，别让创造力停滞。如果缺少富有创造力的员工，那么，当遇到公司内部和外部的问题，或提出新产品或新发明的解决方案的时候，无论行动成果还是所提出的点子，都会大打折扣。创造力和创新是密切相关的。创造力帮助人们把一些最初只是很模糊的想法，创造成新的事物，它同样还可以被当作一种刺激因素。创新归根结底是这种更新过程的结果。

特殊的程序、方法和条件能够刺激和支持公司的创造力。有创造力的人通常终其一生保持着孩子般的热情，他们经常有着令人惊讶的与众不同的生平事迹。著名的创造力研究家米哈力·契克森米哈赖（Mihaly Csikszentmihalyi）[8]认为：创造力并不仅仅局限于一次性的点子和发明，而

> "一个来得正是时候的思想，比任何事物都强大。"
>
> 维克多·雨果（Victor Hugo）

是同样反映在对日常各种问题的解决之中。

由于这个原因，发掘公司全部的创造潜能，鼓励每位员工跨越部门的限制，尽可能地创造，对公司来说非常重要。因此，有时候"睁一眼闭一眼"的管理者，相对于广告代理公司的富有创造性的管理者而言，可能在设计和操作工作环境方面更有创造性。

企业管理承担着设计创造性的氛围的重要职责。公司管理者应该把自己看作创造性点子的指导者和组织者。他们应当听取建议，热情地融入到员工中去。管理者应当把公司的创造力积极地聚拢在一起，给创造性的点子提供生存的空间，敢于冒险，鼓励交流。富于创造性的人往往至少有一个特点：他们热爱自己所做的事情。

1968年，德国最早的女作家之一，研究员吉塞拉·乌尔曼（Gisela Ulmann）出版了名为《创造》（Kreativität）的书。她在书中详细阐释了创造性的产品和创造性的生产过程。她认为创造性的产品是"新的、不同寻常的"。人们必须熟悉引发新产品理念的原创体系，必须理解与新产品相关的新的思想过程。创造性的产品刺激个人，让他们以一种新的方式感知先前的体系，并改变他们的传统观念或者思想过程，同样也允许他们掌握新想法的结果。乌尔曼认为，一种创造性的产品能够引发更进一步的创造力。

根据这一观察结果，我们可以认为：无论是普通的建筑还是特别的企业建筑，都是创造性的产品，能引发员工的创造力。员工在直接接触的环境中得到的新诱因，能够激发他们的"横向思维"。不同寻常或者令人惊讶的建筑方案能给员工施加刺激性的影响。

《创造性地工作》（Kreatives Arbeiten）一书的作者，商业顾问迈克尔·克尼斯（Michael Kniess）注意到，创造性的人受到自然和社会环境的双重影响。他相信，空间设计、噪声和其他人造成的注意力分散，都能影响员工的创造力。创造性的人需要持续不断的新的刺激和感受。此外，沟通必须得到保障，

图 26 <
自助餐厅里的艺术品给员工富有活力的影响

图 27 <
接待区的彩色墙面设计

图 28 >>
巨大的门牌号是建筑立面设计中创造性的元素，而且向员工和来访者做出了欢迎的姿态

并且应当培植和加强跨学科的合作。

在这种情况下，企业建筑能够在多大程度上影响个人的创造力，也是显而易见的。透明的、开放的结构，交流空间，以及能看到其他空间的视线，都有利于推进员工之间的交流，并因此引发新的想法。弹性的空间结构和装修可以根据需要而改变，并且根据特定的用户需求来定制。

已经有相当多的公司设计了吸引人的甚至是令人称奇的工作环境，以求为员工的创造力施加积极的影响。斯堪的纳维亚航空公司（SAS）坚信，正确的设计可以鼓励工作中的创造性氛围。变化丰富的、从美学角度出发设计的环境，能够刺激人的感官并激发想像力。这种方法的一部分是定期对工作环境进行改造，以提供新的动力，避免产生厌倦和单调的感觉。强化那些功能性的、乏味的房间的设计同样重要。非凡的感官体验，可以提高员工的自我意识，并且促进他们的活力。这正是 SAS 决定在午餐休息时间演出弦乐四重奏的隐含目的。

对于我们前面讨论过的化妆品公司 Body Shop 来说，在工作环境设计中创造性地使用颜色、形式和材料，至关重要。对不同感官的刺激，意味着刺激员工并且提高他们的想像力。在公司管理大楼的一条长走廊中，墙上挂满了能发声的物件，比如竹筒、哨子和拨浪鼓等。当员工们沿着走廊行进的时候，他们可以拨弄它们，发出各种各样的声音：沙沙响、铃铃响和咝咝作响。

洛杉矶的运输和后勤公司 Caltrans 聘请了墨菲西斯（Morphosis）[9] 事务所，为他们设计了一座非比寻常的、鼓励创造力的总公司建筑。L 形的平面与独特的铝板立面结合，保护东、西两面避免日晒。这座建筑从上到下的几乎所有细节都让人激动，然而又没有超出感官所能承受的范围，其中包括独一无二的材料组合、造型、形式以及光影效果。精心设计的庭院和博物馆般的大厅，同样可以作为公众活动的场所。

——没有员工的创造力，就没有企业的创新，也就是它们在大部分商业领域中致胜的关键。就像我们已经看到的，众多的世界知名公司——即便并不从事别人所认为的创造性活动——都已经认识到，在员工创造力和工作环境之间具有直接的联系。它们已经把非传统的或者无法预料的感知当作每日工作的一个重要组成部分，甚至利用建筑来达到这一目标。它们的成功证明了这种做法是正确的。

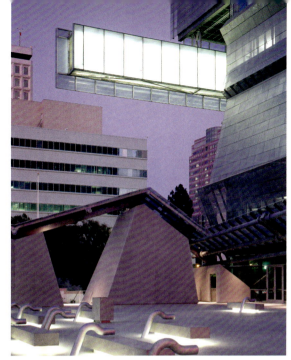

图 29 <
接待区的照明墙表现了 Caltrans 公司富有创造性的企业文化

图 30 <
室内庭院上方的玻璃屋顶和彩色灯带

图 31 >
大楼和庭院所采用的不同建筑材料和照明，给予人们充满活力的影响

图 32 >
庭院和入口区的灯带

弹性

"弹性"是与管理方法相关联的术语，大家早已耳熟能详。它的含义是宽泛的，可以被用在各种主题的领域。在极为普遍的情况下，弹性用于表示制订和执行决议的过程中存在的自由度。无论如何，这是当前对这个术语公认度最高的理解。弹性有多大，公司适应市场需求变化的能力就有多强。弹性因此成了质量的标志——并且有助于公司的稳定、可持续发展以及组织或企业的成功。

就个人而言，弹性暗示着以生产的方式承担新的社会角色和责任，从而适应变化频繁多样的环境的能力。如今，弹性已经被当作企业希望员工具有的最重要的品质之一，它是贯穿整个组织层次的原则。管理行为必须适应不断加速的企业发展——这是显著缩短相关生产周期，需要有弹性的管理层人员的要素。尽管如此，弹性对大多数企业管理者和决策者来说，仍是非常难的课题，因为它通常与很高的成本相联系——无论人员或技术的弹性问题是否已经迫在眉睫。每个公司管理者都已经认识到，弹性（比方说容量储备形式或培训手段）

> "生活中没有解决方案，只有动力：人不得不创造出它们——解决方案也就随之而来了。"
>
> 安东尼·德·圣艾修伯里（Antoine De Saint-Exupéry）

能使公司对市场可能发生的变化做出迅速的响应。但只有很少一部分人愿意为当前经济状况下的这样一个"奢侈品"买单。即便只是开发公司现有的弹性潜能，也需要为更新和变化付出代价。而当初没有考虑到、没有做准备的后续改造和修建措施，经常需要巨大的花费，而且给工作流程带来混乱。公司管理者应当计算未来的改造需求以及将在工作环境中导致的混乱，并在此基础上，评估出切实的、个性化的、最优化的弹性需求的量。过多或过少的弹性潜力，对长期发展来说都是不利条件。

企业建筑本身对员工的弹性并没有影响，但是因为企业建筑中容纳着弹性的建筑结构、技术设备和信息传播系统，因此它能够支持员工的弹性。建筑的弹性暗示着企业适应新技术和结构变化的能力，以及扩展办公区域或生产区域的能力。比如说，弹性的空间结构能让团队和部门以最优化的方式来组织各自的任务。而呆板的空间结构，或者没有弹性的技术系统，比如限定的、无法升级的信息传播系统，将使得个人的弹性难以实现。为达到弹性的目的，开放的建筑框架、立面、顶棚和立柱的结构将更为有利，因为公司能够利用安装简便的隔墙来随时改动空间，以顺应新的需求。抬高的地板和其他一些特殊的楼板系统也是很明智的选择，因为在任何时候都能重新安装管线，或者对它们进行改造。

移动电话、笔记本电脑、网络和其他新型的信息技术，同样支持员工的机动性。这些工具把员工从工作位的束缚中解放出来。如今，不得不在特定的、个人的工作环境中才能完成的工作减少了，更多的工作在会议室中、供应商的房间里、火车站或者飞机上就能完成。"虚拟公司"的概念，就基于在任何时间、任何地点、随时变化的结构中，以及虚拟的网络中都能工作的想法。因此，这一不断发展的动态同样也是决定建筑结构和内部设施弹性的决定性因素。在一座建筑的整个存在周期中，应当在最初的概念化阶段，就考虑到日后使用和功能方面的潜在变化。

当前，有两种基本的结构类型：实体的或框架的。实体结构的特征是有承重的内、外墙。而从立面来说，框架结构同样能围合出一个空间。如果一座工业建筑是实体结构，那么，出于结构上的理由，它要采用钢筋混凝土作为主要材料。但是，为了力的传递，承重墙必须层层叠加起来，因而位置是限死的，无法移动。在这种情况下，要改变建筑和空间的结构，几乎是不可能的。框架结构则是一种更有弹性的建筑结构。承重墙被承重柱所取代，内外墙只起到围护的作用，抵御天气和非法入侵。在框架结构中多使用木材、钢和钢筋混凝土，因为它们具有很高的承重能力，能让结构占地最小，空间布置最优化。由此形成的平面分配起来很容易，而且能适应任何时候的变动要求。模数制的建筑结构使扩展成为可能——水平添加或垂直叠加。只有建筑中的设备间和供应间可以考虑做成固定不动的。因为这些部分的改造会导致巨大的花费。

卓越的建筑师诺曼·福斯特（Norman Foster）[10]在建造香港汇丰银行的时候，极度重视弹性。因为心里一直记着香港不确定的未来，所以他最大限度地运用了弹性要素：在这座建筑中，成千上万的金属构件不是被铆接或是焊接在一起，而是使用螺栓！如果香港的状况越来越糟，那么整座银行都可以拆成单件运走，并在其他地方重建起来。

在弹性的室内结构中，固定墙日益被移动隔墙所构成的开放格局所取代。办公室和会议室家具可以随意组合、轻易移动和收纳到储藏空间去。根据它们所要适应的条件的紧迫程度，这些弹性办公室一接到通知就能马上重新布局。如果空间结构需要频繁改造的话，可以经济地利用高弹性的空间分隔和隔墙系统。水平分段式的隔断可以提供不同高度的结构墙或屏障；它们可以组合成各种各样的解决方案，从单纯地屏蔽一个特定空间，把周围工作的人或沿走廊经过的人的视线隔开；到一直通到天花板的隔断，用来围合整个区域。滑动屏风能把一个团队办公室细分成复合办公的小单间，从而能让空间扩大或缩小一些。

术语"共享办公桌"和"家庭办公"则描述了一种特殊的弹性工作，它们是弹性化的办公室工作的衍生物。很早以前，高速网络和无线局域网就能让工作在办公室以外的地点进行了，如今，这种工作方式更是几乎可以在任何地方进行，甚至是在家中。

即便在办公室结构之外，新信息系统的使用对弹性办公室的设计仍具有影响。术语"共享办公桌"描述了一个特别适合经常变动的项目组的工作原则：员工不再被限制在指定的个人工作位上。不管现有的要求是什么，他们每天早晨到达办公室的时候，都可以随便找一张能工作的空桌子。根据心情或者当天的工作目标，他们可以在私密的玻璃围合办公室、团队办公室、带讨论区的交流空间或者开放的办公空间之间任意选择。工作位因此按照"即插即用"的原则设计成行列式的，也就是说，员工能够很容易地把他们的笔记本电脑和工作位所提供的数据线连接起来，然后通过中央服务器读取并处理自己的数据。每天早晨，员工可以到带锁的柜橱中取自己的移动办公"容器"，里面装着铅笔、纸张、个人文件和他们这一天所需要的其他东西，然后晚上再把它重新锁到柜橱里。

通过共享办公桌的方式，在一个区域中的办公位总是可以少于实际员工数量。这个概念的产生是基于这样的事实，即25%的办公位经常因为员工休假、生病、开会或参与讨论而空闲着。因此，这就是弹性办公形式将更有成本效益的原因。

Cisco、IBM、德意志银行（Deutsche Bank）、梅尔桑根公司，以及其他许多类似的大公司已经接受了这种办公设计理念。但是，员工对这种办公形式的接受，才能从本质上更好地发挥它的功能。因为只有弹性工作系统能适合切实的企业文化的时候，成功才是有可能实现的。

——为了优化公司达成目标的能力，当决策者策划企业建筑的时候，应当从一开始就对快速的、基本上不中断工作的改造方案持开放态度。美国剑桥市麻省理工学院的工作组织专家杜利德·霍根（Turid Horgan），提出了"为变化设计"[11]的术语，以表达上述需求。对于企业建筑弹性的、经济的、明智的需求，并不意味着委托人应当漠视自己的企业文化特征。建筑师自然能为公司将来的、弹性的用途设计建筑，因此它能够反映出公司的个性。

设计范畴：结构

组成一个公司基础的结构，是仅次于"人员"的又一重要设计范畴。它包含公司的构成和组织，并以这种方式让理念和物资流动。

图 33 >
从中庭可以清楚地看到建筑框架和办公室结构

图 34 >>
带有立面和顶棚网格结构的走廊

图 35 <<
接待区的玻璃立面和开放的建筑结构创造出临时的安装空间

图 36 <
模数化结构确保改造和扩建所需要的高度灵活性

结构通常描述一个整体中各部分之间可知的排列形式，或者是它们在一个系统中的位置。结构的概念基于这样的知识，即每个单独的元素和它们之间的联系可以被组织到三个层次当中：即混乱、结构、成型。如果在个体单元之间没有联系或者没有结构秩序，我们就将之称为混乱。秩序为结构而存在，这是组织系统的第二个层次。"一贯的秩序"建立在一套规则的基础上，然而允许在统一的结构中采用不同的形式。从相反的角度来说，这意味着同一个结构能够发展出不同的形式。最终的形式是清晰的、明确的、更连贯或更不连贯的、目标独立的外在表现或者是秩序的代表性实体。因此，结构是形式的框架。[12]

在公司的管理中，术语"结构"用于描述公司的组织形式。它首先暗示着所有商务活动和责任领域，以及导致个体单元及其相互联系的结构化的理想秩序。在为公司考虑优化结构的时候，有两个重要的标准。首先，这个结构能不能让工作流程简化？其次，它是否能避免或减少官僚主义？公司内部各单元之间顺畅的合作以及开放的信息交换，是这种情况下起决定性的因素。

在企业建筑中，"结构"同样是非常重要的设计范畴。建筑结构经常与公司的组织构成结构相比较，结构的框架尤其成为设计的元素。

——就像在建筑中一样，结构同样组成了公司的整个功能系统的框架。在企业文化中，结构提供了整个系统配置和操作组织结构的信息。建筑把结构和支撑框架等同起来，支撑框架作为一种融合元素，展示出大楼的组织结构并且支持公司的功能。在建筑中，结构被表述为诸如轻盈还是沉重、开放还是封闭的特征。而开放和封闭这两个特征，在商业和管理中同样可以找到，只不过换用透明和谨慎来表达。通过将这些特征表现出来，建筑就能对企业文化做出贡献。

组织

术语"组织"有很多意思：例如社会学方面的，是表示有独立结构的社会形式；生物学方面的，是指生物体的组成；而在商务管理中，它表示一种指向商业目标的正式系统。

公司的组织可以分成本质上不可分割的两个范畴：首先，结构上的组织把

图 37 <
暴露的模数化结构展现了大楼的灵活性

图 38 >
灵活而开放的办公室设计

图 39 >
在"办公桌共享"系统中为个人办公容器准备的储物柜

图 40 <
在灵活的、非指定的工作位上工作

> "走到一起只是开始，保持团结才能发展，共同奋斗才能成功。"
>
> 亨利·福特（Henry Ford）

公司的目标细化成子目标。目标的概括和分级成为渠道或者"位置"。在公司里，组织的目标主要包括为相关概念发展出一个优化的组织结构。结构化的组织必须提出一系列问题：组织单元中的等级（要么高于或低于对方——要么就本质上相同），以及协同现有的组织单元。它也必须回答下列问题：需要多少个层次的等级？管理工作的范围有多大？对于某个工作流程来说，优化的团队规模是多大？几个共同工作以达到整体目标的团队怎样才能最佳地融合在一起？

结构化的组织的一个重要结果是公司的建制图，它显示出公司中的哪个单元负责哪个目标。这样，特有的企业文化就展现在了建制图的结构中。

第二个主题范畴，即工作流程管理，指的是公司内部的工作流程设计。这里，工作流程必须按照工作内容、工作时间、工作空间和它的平面布局进行构建。这种情况下，先决条件仍然是要把公司的整体目标划分成经济上彼此联系的独立部分。

结构管理和工作流程管理形成了公司的正式组织结构，并且与商务运作挂钩，形成一个与公司目标相适应的单元。当然，在一个组织中的人员之间总是会自然而然地产生交互作用。公司中这一社会需求和非正式的组织形式，同样也是工作氛围的组成部分。

工作心理学和商业心理学都与这个问题密切相关。它们分析工作流程以及它的决定性要素和交互形式方面的组织需求，还有在不同组织形式下，成功或不成功的沟通的原因。它们关注某种组织形式对员工的工作效率和福利的影响。

组织的两种形式，无论是结构的还是工作流程的，都可以通过企业建筑、城市文脉、建筑设计和室内设计来举例证明。这样，外在的形象就成了企业文化的表现。

要从视觉上来表达一个公司的组织结构或等级的话，建筑是非常适合的工具。不同管理层次的等级取决于企业文化——通常和地位相关。比如，在很多公司里，高层管理者的办公室位于大楼的高层，高高在上，标志着清楚的身份地位。

时间是建筑中等级关系的另一个因素。在公司中，通向管理者楼层的路线是首当其冲最具有鲜明等级意识的。从公司的接待处穿过办公区走到管理层，需要花费很长时间。对来访者和公司职员来说，没有通向管理者的捷径。不存在"短途"的企业文化。

办公塔楼在大型的国际化城市中是当地企业文化的象征。甚至在一个城市中，建筑的高低、大小也可以表现出严格的等级结构组织。

在这里值得一提的是公司在城市环境中所处的位置，这可能和公司的组织结构并非直接相关，但是它却在很大程度上展现了公司管理的自我形象和自信。这样一来，大型公司都愿意把它们的总部设置在重要的城市或者重要的城市广场当中，这样不仅在建筑物当中鹤立鸡群，在整个城市中也显得超凡脱俗。相应的例子有戴姆勒·克莱斯勒公司和索尼（Sony）公司。东西德统一之后，这两家公司在柏林市中心著名的波茨坦 (Potsdamer) 广场修建了它们的公司总部。他们聘请著名的建筑师来设计大楼：索尼公司请的是赫尔穆特·扬（Helmut Jahn）；而戴姆勒·克莱斯勒公司请了伦佐·皮亚诺（Renzo Piano）和克里斯托夫·科尔贝克尔（Christoph Kohlbecker）。他们设计的这两座大楼，与汉斯·科尔霍夫（Hans Kohlhoff）设计的另一座办公塔楼一起，构成了柏林城市景观的精华。其他的例子是勒沃库森（Leverkusen）的拜耳（Bayer）股份有限公司管理大楼，以及汉诺威（Hanover）的 Norddeutsche Landesband 公司总部办公楼，两者都在它们所在的城市街区中留下了无法抹去的印象。

平板组织层次的公司通常喜欢平板式的建筑结构或类似的建筑物，以象征民主和平等。

公司管理的组织深度同样可以通过建筑让人们看得到。在具有强烈等级意识的公司中，执行管理者经常根据管理层次拥有个人办公室，位置在特定的、难以接近的区域里，大小有一定的规模。而且，基于公司内部的指导方针，这些个人办公室中通常拥有定制的家具和艺术品。

而在那些等级并不那么严格的公司里，管理者和他们的团队一起在团队办公室里工作，或者在透明的私人办公室里工作，以此拉近老板和员工之间的距离。另外，在这些公司里，环境布置很少表现出管理者的地位：庞大的桌子和真皮椅子被简单家具所取代。管理者房间里的家具质量和下级办公室里的越来越接近——这当然同样是出于经济和人体工学方面的考虑。

在工作流程管理领域，工作组织和工作环境设计是与效率和效力提高相关联的核心问题。人们已经认识到了空间布局和工作组织之间的密切关系。工作方法和流程可以通过有逻辑的空间布局加以优化，因为这样能缩短距离，促进员工之间的直接沟通，优化员工的效率，并且精简后勤。空间上的直接接触，甚至能简化公司内不同部门之间的沟通，并且对长远的成功给予支持。这种情况不仅适用于办公室和管理大楼，而且同样适用于生产设施和工场。空间上的密切接触，对于公司的研究工作和发展特别重要，因为在这里，直接的意见交换不仅能导致发展加速，而且还能引发大量的发明和创新。如果在员工和管理者之间有空间上的阻隔，那么重新考虑空间布局的问题，对于公司来说是明智的。

出于这些原因，对一个公司来说，当设计和优化它的运作流程的时候，考虑建筑上的空间分配的可能性以及利用企业建筑来划分组织结构，是很重要的。空间配置不能坐等机会，而是应该战略地研究，确定哪个部门将从空间的密切接触中受益。为了决定在公司内部把不同的部门安置在哪里，使用三角形、四边形或五角形的纸片来代表不同的部门，然后对它们进行排列，是一个很有帮助的方法。共同工作或者需要经常交流的部门，它们的"部门卡片"的边缘总是能接触。这种方法能创造出一个网格式或者蜂窝式的结构，用作将来组织平面布局时的基础。

——建筑的核心职责，即组织和构建大楼，通常会受到建筑功能的影响。结构清晰的功能让员工和来访者在大楼中很容易自己找到要去的地方。除了组织一座建筑中不同的功能，企业建筑同样必须反映出管理等级的结构，而且出于这个原因，企业建筑同样是企业文化的一种表现。

透明

术语"透明"通常用来描述建筑材料的透明性质或者行动、形势的明朗。

在公司管理中，透明意味着确保工作程序和决策制定过程不被隐瞒。透

> "阳光可以杀菌。"
>
> 古代非洲谚语

明的公司管理或"企业统辖"是一个重要的品质特征,促使员工、商业伙伴、金融市场和公众信任管理者。很多公司都把透明管理看作商业成功的好的、基本的需要,因为无论员工还是股东都越来越需要了解有关公司长期状况的信息。

透明管理实际上意味着什么? 2002年,《德意志企业管理宝典》在德国首次出版[13],努力为此建立一个统一的定义。它描述了国内以及国际上对好的、有责任的公司管理的认识标准,其中涵盖了建议、意见和条件状况。在这本宝典中定义的提法或术语当中,最重要的一部分是:定期发表商业报告、周期性的临时报告、董事会的报酬系统,以及建立监督团体,定期对上述术语和状况进行公众监察等。

如果重要的公司决议或商业程序做得不透明,可能会因为不能与决策制定过程的结果或条件产生联系,引起员工的不满。透明是相互信任的基础。在这种情况下,透明可能同样意味着诚实和开放。

建筑中的透明指透明的、有渗透性的空间结构和透明材料。在企业建筑中,建筑的透明是作为一种设计方法来应用,但较少利用它去完成一个企业的目标。有关建筑的透明的例子,在不同的商业部门中都能观察到。

透明总是涵盖各种各样的范畴:室内和室外,公众和私密,光和影,暴露和隐蔽,或者甚至是——与渗透性相关的——冷漠和温暖。只有在改变层次、积极穿越边缘地带的时候,才能够体验到透明。只有不止一个层次的时候,透明才能够被辨识出来。

现代建筑一个重要的目标是最大限度地消除楼宇中的结构,这样就否定了它的物质性。透明的企业建筑更多是通过框架和立面来表现的。在办公或管理大楼中有很多"玻璃建筑"的例子。大玻璃的立面提供了明亮的、阳光灿烂的空间,并且向外传达了极高的透明度。建筑的立面是公司与公众之间的空间的界面。它使人们可以从外面看到公司内部,并因此展示了企业文化的细节。一些公司为了达成他们的目标,而战略性地采用了透明的建筑:例如大众股份

图 41 >
柏林市中心波茨坦广场上的大公司总部建筑群

图 42 >
波茨坦广场以及IMAX巨幕影院和德比斯（Debis）公司总部

图 43 <
拜耳塔楼：曲线的大楼和宽阔的中庭，非常引人注目

图 44 >
德国北德州银行（Nord LB）的管理大楼，在城市景观中像灯饰一样闪亮，展示出银行的组织结构

图 45 <
执行管理楼层表现出对地位的认识

图 46 <
在为董事会成员准备的休息室中,距离展现了尊敬

有限公司，漂亮的塔楼展示了企业在零售方面的成功，而玻璃的厂房则向外界展示了他们的汽车车间。

这种新的经营手段称为"透明生产"。它通常在曝光率不那么高的公司当中比较流行——特别是牵扯到相互竞争的——但是，长期以来，这种方法已经被很多商业部门抛弃了。"透明生产"在生产者和消费者之间的空隙架起了桥梁，并且是质量管理系统的特征之一。

为了说明上述理论，最著名的例子就是德国德累斯顿（Dresden）大众汽车（Volkswagen）公司的"玻璃工厂"，那是他们生产四轮敞篷豪华轿车的地方。"别人想要掩盖的，我们却把它设计成一个交流的场所"，这就是他们的企业哲学。如同大众公司所说，新的透明提供了一个机会，使透明成为产品的创造性的一部分。

位于德国沃尔夫斯堡（Wolfsburg）的汽车城（Autostadt），是说明大众汽车公司努力向用户展示更透明的形象的第二个方案。在这里，购买汽车将成为顾客难忘的经历。这座坐落在沃尔夫斯堡的建筑，战略地把目标指向传递质量、安全、社会能力和环保方面的意识。参观者可以从一个多屏幕的"沉浸式"剧场中体验到对上述主题的介绍。大众集团的每个生产商的展厅都坐落在巨大的草坪和停车场当中，象征着企业对自然环境担负的责任。玻璃围合的客户中心和两座玻璃塔楼当中，容纳800辆"即提即用"汽车，透明的建筑外观渗透出这些产品的高品质。现代化办公大楼的立面展示着公司每天的活动：顾客在接待区穿行，人员在走廊、楼梯间和玻璃电梯中流动，以及最后要提到却不是无关紧要的，晚上办公室的灯光显示出员工们一直工作到多晚。

在建筑的设计阶段，在头脑中一直有这样的意识是非常重要的，即，人们自己总是被赋予选择权，以决定开放程度，或者是建筑和外界之间的联系。如果被给予舒适的、新的、不同的外壳，可见的结构将适应成为一个生命有机体。在这种情况下，透明最终将是员工可以选择或者可以回避的选项。

光线是创造透明的重要媒介。透明的设计让光线倾泻到结构或者建筑当中；它同样创造出穿透建筑室内的景观和室外的景观，以此强调位置的独特性。如今，空间结构并不是惟一的很容易被改造的东西，我们可以通过调节自然光和人工光来改变亮度[14]，并且战略地影响、改变，甚至强调室内外的空间分界。这就再一次导致了更强的透明。因此，光线是造成一座建筑透明印象的基本要素。

图 47 <
玻璃围合的办公室表现了开放的结构和透明度

图 48 <
在策划办公室里很难分辨出等级

再次总结一下：在很多方面，透明是员工关注组织和建筑的基本需求。出于这个原因，从策划阶段以降，建筑师和企业管理者就应当关注如何构建出正确的、让员工舒适的"外壳"。他们必须记住员工一天之中需求的变化，或者是当季节变化时员工需求的改变。建筑作为起保护作用的"外壳"，必须能允许这些期望中的变化，无论它们是有关个人隐私、光线强度，还是温度调节和其他空间品质的。只有这样，透明才能满足适应社会需要的建筑需求。换句话说，建筑的透明远远超越单纯的、形式美学上的透明。

但是透明并不仅仅在立面设计中才表现出来。办公室楼层的透明设计向外界展示大楼的内部，并同样使内部结构也开敞可见。这是因为它使用玻璃墙、玻璃门和独立的玻璃元素来分隔空间，而且有时候是因为在不同的空间里使用上述各种透明隔断。但是整体的透明印象并不仅仅因为使用透明或半透明的材料，同样是因为有意识地消除或避免可见的分隔和中断。公司中采用透明的室内设计，目的是在不同的区域之间建立起可见的联系，以便加强信息交流。

扎哈·哈迪德（Zaha Hadid）在莱比锡所作的宝马公司总部，是在办公区和生产区之间建立透明联系的卓越范例。在大楼内部，各个楼层的独立工作空间像瀑布一样倾泻而下，充满它们所在的办公区域。完成了不同工序的汽车底盘通过暴露在外的传送带，缓缓经过办公室和参观区。展示生产部门这一最复杂精细的工序，使得生产活动对员工和参观者变得切实而透明。这同样让员工直接得到有关生产活动的信息。

工作区域内空间结构清晰的话，能够很好地实现透明效果。例如可以在开放式或团队办公室中避免使用隔墙，使家具的高度低于视线，这都给人们造成一种空间连续的印象，并且能鼓励人与人之间的交流。在复合办公室和与之相联系的"思考单元"发展起来之后，透明设计就变得很重要，因为可以把所需要的空间压缩到最低。由于这些工作场所是供个人使用或临时性使用，通常位于小房间内，所以，在其中工作的人能对整个办公区域有空间印象，并且保持和其他员工之间的眼神接触，是非常重要的。

除了上述社会学方面的作用，透明也同样可以具有实际功能：透明的设计对于防火、职业健康以及安全管理同样有益。在装有简单的防火设备如喷淋头和防火墙的房间里，如果有透明的门，发生火灾的时候，外面的人就能看到是否有人被困在办公室里。

——透明与工作流程以及公司内外的人际交往融合在一起,并通过它们来支撑公司的适应性。不过,过分的透明并不值得推荐,因为员工们可能有被监视的感觉。在透明的、开放的办公室里,员工的隐私可能受到损害。此外,控制与客户联系相关的透明度可能同样非常重要,因为这里需要谨慎。

图49/50 >
玻璃墙使得员工和来宾都参与到生产过程中

谨慎

我们的社会对"透明"这一设计元素有着毋庸置疑的高度关注——众多的玻璃大厦就非常清楚地证明了这一点。然而,对于"透明"的沉默寡言的伙伴——"谨慎",却显而易见地缺乏关注,这不能不令人感到遗憾。对服务行业特别是金融和医药行业的公司来说,与顾客和信息打交道的时候,保持谨慎的态度甚至隐姓埋名,是基本要求。谨慎暗示着机敏,也就是对某些事情保持机密的能力。谨慎培育人们对某一机构的信任,并因此在传统价值观中占据重要的地位。[15]

要处理好透明和谨慎这两种设计元素,在"敏感的"服务领域采取平衡的、目标明确的方法特别重要。这种时候的实际状况经常决定顾客、商业伙伴或员工更喜欢这两种元素中的哪一种。尽管人们像顾客一样,都希望公司中的信息透明,但他们却特别需要自己的信息以一种隔离的、值得信赖的方式进行管理。

甚至连建筑外观的设计也能消除谨慎和暴露之间的界限。透明的建筑向外界揭示出公司内部的空间。为此,当设计立面构成的时候,把透明部分只应用在不损害公司、顾客和员工的地方是非常重要的。

接下来的例子,就是用于说明在这里可能出现的错误是什么:位于办公大楼外立面位置上的盥洗室都装上了磨砂玻璃。这是为了提供折射的、自然的光线,以此取代传统的洗手间里那种常见的、令人不快的人工灯光。因此,盥

"谨慎只是这样一种感觉,即欣赏对生活私密范围的尊重。"

乔治·西美尔(Georg Simmel)

洗室选择了不透明的玻璃釉砖——假设这对外面来说是不透明的。在几乎不透明的立面前方，是人行天桥，和办公大楼直接相连。但是，天一旦黑下来，盥洗室里的人工照明亮起来的时候，所有从天桥上经过的员工，都马上就能清楚地意识到是谁在里面。

建筑不仅通过设计立面，同样也通过确定不同的功能分区，来实现透明和谨慎这样的设计元素。在公众、半公众和内部区域之间制造清晰的区别，同样可以获得不同等级的谨慎。

诊所和医生从业可以用来说明不同等级的谨慎：病人首先进入接待区，这是他们可能遇到的第一个等级的公众区域。而后，他们移动到半私密的挂号区或等待区，并最终进入完全私密的医生办公室或诊断室。

在银行里，情况是类似的：顾客走过公共接待区域，然后在半私密的环境里和咨询员交谈，接着，把他们的资产保存在锁着的储藏空间里或秘密的区域中。在金融和医药行业，公司提供个性化的客户服务，谨慎在行业竞争中具有重要的优势。

图 51 <
玻璃中庭展示了公司工作日的状况和来访人流

图 52 <
夜间照明使得建筑立面几乎消失，通体透明，内外交融

在设计公司的室内空间的时候，除了考虑对透明和开放的渴望之外，重要的一点是在头脑中认真地评估：哪些房间应当为顾客和员工的谨慎需求而设计。在策划阶段忽视谨慎，将带来令人不快的结果：比如，银行的顾客区最初设计成充满自然光线而且具有开放氛围的场所，但后来不得不安装了隔墙，或者在玻璃上贴了不透明的塑料膜，以保护顾客不被看到或者偷听到。为了避免日后这些"更糟糕的情况"，建筑方面提供了很多种设计元素，让员工在与顾客打交道的时候，有可能调节甚至是直接控制私密程度，比如滑动门、折叠屏风以及其他可应用的元素。对于不同程度的视觉和声音的透明，同样有各种材料，提供给建筑师广阔的设计选择范围。

——在敏感的服务行业，考虑谨慎的设计元素是对顾客基本的关注，但公司管理者同样需要为自己的员工提供私密区。谨慎与透明之间的平衡关系创造出最优的工作环境。

设计范畴：系统

公司中的系统是其明明白白的"硬件"之一，对商业成功是很基本的条件。在最通常的情况下，术语"系统"用来表示人员、相互关联的要素、结构准则之间的关系——因此，"系统"和"结构"的含义是非常接近的。系统从外界得到一些事物（输入），对其进行处理，再把它"输出"到环境中。为了不在上下文中混淆概念，在这里，"系统"将特指主要是技术上的、用以共同实现一个目标而集成起来的组分和资源。为了实现这个共同的目标，它们需要各种各样的特点，比如：复杂性、弹性和稳定性。现有的功能单元由若干独立的部分或子系统构成，是很基本的情况，这些部分用于完成某项特别的任务或一系列任务。

公司通常采用一系列不同的系统来支持它们的商务活动。这往往与电子数据和信息处理有关，例如把数据结构化。在管理中，用于信息的管理、部署或策划的系统，只是标准化解决方案的一小部分或者是一个子方案。

建筑同样包含着不同的系统，用来支持建筑的使用和技术功能。比如，以分层、分散方式来调节温度、光照和安全系统的数据传输总线系统。这些系统在建筑服务下更有效地分类。

　　除了机械系统,还有方法系统,例如由几个子系统组成的销售或市场系统,形成了一个功能体。特别对于方法系统来说,建筑可以有助于实施其中的子系统,例如树立公司形象或者提升公司知名度等有效的营销目标。

　　——建筑必须首先提供公司所需要的技术角度的房屋设施,以便它们能够应用那些重要的系统。对于建筑来说,支撑方法系统和物理系统,是同等重要的。

技术与工艺

　　单词"技术"与"工艺"的前缀都是从希腊语"techne"而来,它的意思是"艺术"和"技艺"。在更特别的用法中,"技术"与"工艺"意味着特殊的应用,例如机器或建筑工艺,以及艺术的或专业的技巧,例如绘画、音乐演奏或演讲的技艺。

图 53 <
透明接待区白天的景象

图 54 <
透明接待区夜晚的景象

图 55 >
从办公层看到的令人激动的景象

图 56 >
从开放的接待区可以看到自助餐厅

"技术不能取代人，但是能帮助他们，并提高他们的能力。"

汉斯·于尔根·瓦恩克（Hans Jürgen Warnecke）

技术这个词，如今更多地用来表示某种现代化系统的应用或者某种技术的新发展（技术转移、技术停滞、新技术）。

最近的技术流程以及微电子方面的发展，已经导致了大量的产品和生产方法革新，几乎在每个商业领域中都能发现。这一进步使得战略地重新调整商务活动，至少调整一个商业部门的方向性变得非常有必要。在计算机支持下，生产区与办公区更紧密地结合起来，已经改变了一些工作流程，因为它们通过计算机系统中世界范围的网络提高了数据交换能力。这导致了信息流动得更快、更容易，进而导致了生产力和弹性的增长。新技术的应用显然已经成为商业成功的重要因素。

企业建筑中的技术不仅指建筑构造，还指支持工作环境和工作流程的技术设备。技术上的建筑设备也称为工艺基础设施。

工艺基础设施是企业建筑中最重要的策划领域之一。它包括所有的技术设备，例如电力、给水和通风，它牢固地根植在大楼中，并且对其建筑的基本功能和公司的工作流程至关重要。在生产部门中，工艺基础设施同样包括煤气供应、高压电力、压缩空气，甚至冷却水。在办公区域里，工艺基础设施包括与信息处理和传输相关的数据联系。总之，它必须在恰当的时间和地点提供所需的必要资源。

由于信息媒介的能源是由网络线缆提供的，所以必须创造一个设备间，以便将来为布线和插座接口改装做出最快、最灵活的响应，同样也保证这些设施便于维护。线缆管理的最灵活选择是将其嵌在墙里、采用封闭的能容纳细线缆的系统。这样几乎不占空间，然而却能随时增加线缆。对于大办公室或生产区来说，空间上更灵活的选择是安装在天花板和地板里的网络线缆系统。在这种情况下，根据系统结构，各种各样的线缆或线管可以安装在可抬高的地板系统里，电源插头装在地面上。而安装在天花板上方的电线管槽，则经常隐藏在天花吊顶里。这种方法有个缺点，就是线缆引到外面的时候，在室内能够看到。那么，在办公区里使用安装在地板和顶棚之间的线缆支架系统，就能隐藏这些线缆。

不过，数据交流线缆迟早会因为无线 LAN 网[16]或蓝牙[17]的使用而成为多余的东西。

企业建筑中的技术设备首先是根据任务和委托人目标的复杂性而决定的。一个简单的仓库与微电子芯片生产商相比，就不需要那么多的技术设备，因为后者需要能防振的储藏室，以保护电子芯片抵抗振动带来的损害。主要由人而不是由机器构成的生产力，也同样影响到企业建筑中技术的应用：因为人需要特定的温度才能感到舒适，需要由大楼中的技术设备进行调节，但是在机械化或自动化的仓库中，温度就不是那么重要的问题了。

企业建筑中的技术应用甚至是技术革新，都取决于委托人的要求，他们有可能希望创新并体验新的理念。显然，这同样要取决于分配在这一项上的预算。传统的方案可以被创新方案所取代，例如诺曼·福斯特先生在香港的汇丰银行中采用的照明系统。它由一个电脑控制的镜面反射系统来调节，为主要大厅提供采光。外墙上安装了一个"采光镜"，用来跟踪阳光的轨迹，并把阳光传递到中庭顶部的反射区内。

当然也有不那么壮观的解决方案，例如位于德国辛德尔芬根（Sindelfingen）的梅赛德斯·奔驰技术中心，由建筑师德根哈德·佐默（Degenhard Sommer）设计。这座建筑展示了新的照明科技应用的可能性：在立面上装有与隔离玻璃合为一体的折射棱镜，能把光线折射到反射顶棚上，再传递到斜对角的下方。利用这种方式，有显示器的工作位能够从 10 米高的地方得到不眩目的日光。

——在我们已经给出的企业建筑的例子中，基本的技术概念必须得到完全的发展，例如建立能量供应系统或网格，这样才能避免将来翻新时巨大的花费。工艺基础设施对于持续的改变来说是一个特殊的问题，因为它可能随时需要改动或优化，以适应新的技术或用户的需要。这样一来，工艺基础设施必须从一开始就设计得很好，升级或改造才会变得很容易。

图 57 <
这一围合的立面维护了银行业中最重要的谨慎性

图 58 <
谨慎的入口可以保护来访者躲开那些不受欢迎的公众关注

创新

从语境上理解的话，创新和设计元素中的"科技"比较接近。当我们描述一种以前不存在的产品制造方法的时候，术语"创新"相对严谨一些。但是，创新并不仅仅指员工创造的用于销售的产品方面的进步（产品创新），同样也指一种能力，即能够利用创新科技，持续地适应新的市场需求和环境条件。战略地管理创新，能够使公司中所有部门进一步创新：在发展和生产流程方面，或者在新销售战略方面，以及由此导致的营销方面的创新。

有一个影响生产创新的重要因素，就是公司或组织结构的复杂性。创新的理念在机构繁杂的组织中难以茁壮发展，因为它的组织、定位、分配和规矩的基础概念都剪裁讲究，用来达成老一套的目标——然而创新可不是老一套。

员工是否具有进行创造的动力和自由，对于企业创新来说是最基本的要求。要达到这一点，采用创造性的技术[18]是一种途径，因此，创新和发展并不是撞大运，而是战略性地产生的。

有一种为了策划和发展创新建筑的创造性技术已经被发明出来，它能推进某一策划目标的发展方案。建筑师巩特尔·亨（Gunther Henn）将这种创造性技术称为"程序"，它可以应用于变化迅速和不确定的建筑设计和结构形式。建筑师能够利用这种方法与用户或委托人联系，发展出结构上的、可见的形象作为对话的平台。一开始，只是提出抽象的示意图表，在双方交流过程中得到持续不断的补充，最终集合成可见的目标，并构成建筑理念的最初基础。这种创造性技术，或者说是一种可见的头脑风暴，可以推动创新过程，并在很短的时间内创造出有效的建筑结构。

在公司里采用创新技术，能够向公众阐述它在创新方面的责任。这里有一个非同寻常的创新的例子，就是让·努维尔（Jean Nouvel）在巴黎所做的现代阿拉伯研究所。[19]这座建筑的一个立面是以独特的百叶窗技术设计的：这个

"成功的源泉是创新，成功的源泉是创造，成功的源泉是人。"

凯·凡·福涅尔（Cay Von Fournier）

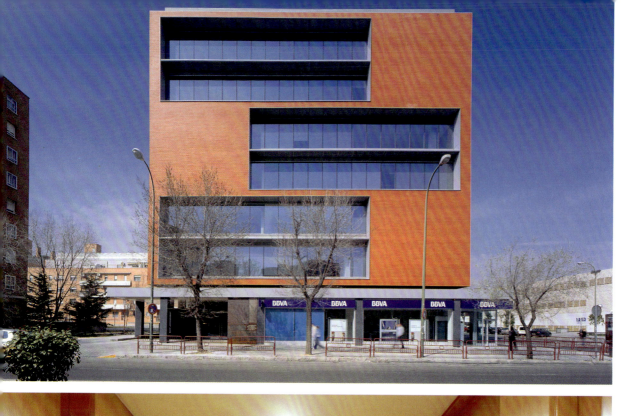

图 59 <
开敞和封闭区域所划分的立面分区，营造出透明和谨慎的感觉

图 60 <
后退的入口向来访者保持着谨慎的态度

图 61 >
这面墙的设计融合了实体和透明的元素，目的是为了尊重这个位于繁忙通路上的办公室中员工的隐私

图 62 >
隔着不透明的玻璃墙，只能隐约辨识出后面的身影

不一般的系统包括有上千个电脑控制的动态传感叶片，它们能调节进入大楼室内的光线量。主要由手工制作的装饰性格栅图案，代表着阿拉伯 mashrabiya 或窗围屏式的艺术处理手法。这些格子结构是室内与室外、私密与公众，以及通道与通道之间的分界。百叶立面由一个建立在人眼功能基础上的独立控制机械来操控。

另一个稍许保守然而较为简单的例子是加利福尼亚州立运输部门 Caltrans 位于洛杉矶的总部，《创造力》杂志曾经报道过。该建筑除了富于灵感和打动人心的设计，南立面上还安装了一系列光电池，给大楼提供电能。公司以此来清晰地表述："我们使用可再生的能源和创新的科技。"于是，创新就被用作了企业的营销要素。

从 1998～2000 年，建筑师墨菲（Murphy）和扬（Jahn）与工程师合作，为勒沃库森的拜耳股份有限公司总部营建出一座大楼，它同样拥有创新的立面结构（参见"组织"一节）。[20] 该建筑纲要的主要目标是自然通风、自然采光、太阳能以及智能控制。新的公司总部建立在钢筋混凝土支撑框架的基础上，这同样能保持结构成分的温度。透明的双层墙立面能够大幅度地降低调节室内温度所需要的能耗。建筑外壳可以遮蔽雨、风和噪声，装在双层墙之间的板条可以用作阳光投影装置。从地面到顶棚通高的玻璃墙使得充足的阳光穿透到房间里，楼里的光线投影和亮度都可以通过自动控制来调节。如果室外温度比较温暖或者温度适中的话，办公室能够实现自然通风。如果在极冷或极热的情况下，地板底层的冷却和加热系统能够提供令人舒适的室内气候。

屋顶的设计构成了这座建筑的完整外壳。在屋顶上，各种各样的钢化玻璃构件排列在钢框架上，并且可以很容易地随着下面房间功能的需要调节。双面釉面板涂以遮阳材料，让射入大楼的阳光减到最少，因此可以控制室内的冷热程度。这些面板同样遮蔽着下面的房间，然而又能提供足够的却是散射的光线。对公司来说，企业形象、创新的大楼设施、功效和透明，都可以被看作是他们开放性思维和视野开阔的企业哲学的象征，这一点是非常重要的。

——公司的创新发展与员工的创造性和活力密切相关。因此，给员工提供一个能鼓励他们的想法并促使他们将之付诸实施的工作环境，对于公司来说非常重要。企业建筑可以通过自身的创新设计来推动员工的创造性。与此同样重要的是提供技术基础设施，这对于应用创新科技非常关键，并且因此能够支持商业活动的成功。

程序

企业建筑为内在的诸如发展、生产和行政等程序提供建筑环境。术语"程序"通常用来描述一个或更多方法的结果的顺序，这些方法也被称为"子程序"，它们用于连续的或者平行的操作。当内容和针对性对于传递特定情况下的目标和结果都非常重要的情况下，程序用于描述功能的顺序。因此，程序是与目标相适应的，因为它是否完成，取决于对程序目标的认识。

公司是一个系统，由不同的商业程序构成。公司内部的程序可以描述成固定的步骤，它是独立的，而且可以脱离开周围的程序而自成一体。程序的方

图 63 >
技术建筑表达了公司对待科技的积极态度

图 64 >
通风技术作为设计要素

向性需要纵观所有与之相关的、彼此平行的要素：个人因素、材料、生产设备、信息和信息系统、质量、程序时间，以及其他所有与组织相关的方方面面。程序的元素，如同其他元素一样，是所有活动的中心。商业程序可以被细分为适应产品或方案的程序，以及适应能力或潜能的程序。后两者是系统地建立在执行潜力以及识别需求工具和消费要素的时机和地点上。

在名为《程序管理基础》（Grundlagen der Prozessorganization）[21] 的书中，作者吉多·菲舍曼斯（Guido Fischermanns）博士和沃尔夫冈·利贝尔特（Wolfgang Liebelt）[22] 把程序的结构分解成时间、数量和空间维度。每个程序都有开始和终止点，以及在两者之间延展的程序过程期。而第二个指标，即数量，则用来把目标、材料资源、信息、组织政策中的时间和空间要素进行

图 65 <
通风组件用作立面设计元素：打开

图 66 <
通风组件用作立面设计元素：关闭

分类。根据菲舍曼斯和利贝尔特的观点，在空间设计中有两个常规的责任范围应用于三维的"空间"，它们是：空间需要和位置决择。术语"空间需要"主要是指在构建、扩充或改造，以及选择空间布局方案（个人、团组或开放办公室，或上述的综合体）之前，对表面区域需求的分析。这两位作者相信，工作流程管理的功能对建筑设计将大有帮助。以这种方式进行设计的时候，程序与建筑是直接相关的。

菲舍曼斯和利贝尔特对"位置决择"这一概念的理解与建筑师不同。他们把它解释成在一个工作场所和不同部门中的材料资源的定位。它们参与程序的结果，是在个人的位置之间发展了相互联系，并由此影响到随之而来的空间安排、通道设计和运输、传递技术的选择。术语"运输和传递技术"在这里的定义可以很广泛。非实质的物质，例如信息也可以附在实质物体上进行传送，这意味着，在这种背景下的信息传递系统同样可以用运输来描述。

相反地，在建筑领域中，词组"位置决择"通常用来描述在城市环境中建筑应当被安置在哪里。

菲舍曼斯和利贝尔特对于程序的定义，说明了建筑需要怎样与公司内部的工作流程步调一致，因为它的建立是与它们之间已经存在的相互联系有关的。因为企业建筑首先是要处理静态固定的东西，那么，能适应变化的程序必将引起巨大的开支。但是，企业建筑适应不断变化的程序的能力，可以通过不同的建筑元素和技术来支持。这些应当在建造阶段之前就纳入考虑范围，并且在晚些时候，融入到策划阶段中。与程序相适应的企业建筑，同样包括根据网格维度、构造类型决定建筑结构，并且确定空间的高度和所采用的系统。工艺基础设施的设计或结构组件的弹性，例如隔墙系统和可抬升的地板，都同样支持着与程序相适应的工作环境。当然，这些组件在建造大楼的过程

> "目标和过程的不同，是部分和整体的不同……（我们说过）程序是目标的集合，它们共同为客户创造出有价值的结果。"
>
> 迈克尔·海默（Michael Hammer）

中花费的造价可能比较高昂，但是，日后重新整修往往更加复杂和昂贵。因此，很有必要确定某个程序的精确时间因素，以及它们是否需要进行大的变动，并且因此是否需要建筑具有高度的弹性。

然而，适应程序的企业建筑并不仅仅表示对程序的适应性，在建筑的策划和构建阶段质疑程序的组织结构，同样也很重要。与前面所提到的位置决择的方法一样，大楼的组织结构也应当按照它的实际工作程序加以优化。在工作中直接合作的区域，需要安置在彼此接近的位置上，以便缩短物质和非物质资源的传送距离（见"沟通"一节）。路径必须成为与操作工作流程、生产程序、管理生产和优化沟通这一系列行为结合成一体的概念。

在规划商业综合建筑和大楼的时候，强调后勤流程是绝对有必要的。换句话说：生产材料怎样按正确的时间（"刚好按时"或"JIT体系"）、正确的顺序（"刚好按顺序"或"JIS体系"）、正确的地点到达生产区域？JIT和JIS体系对公司的成功来说都是至关重要的。在适应生产程序的公司里，精确的运输规划包括运输量、传送频率、卸载点、停止位等等，是生产的重要因素。

辛德尔芬根和下图克海姆（Unterturkheim）的梅赛德斯·奔驰技术中心[23]（MTC）戴姆勒·克莱斯勒股份有限公司PKW-Entwicklunszentrum是程序优化的企业建筑的范例。到1990年底为止，它把16处分散的地点融合在了一起，希望提高汽车开发部门之间的交流速度，进而优化生产过程。目标是优化和缩短新汽车的策划阶段，缩短产品开发周期，改进大批量产品的实用性以及降低开发费用。按照菲舍曼斯和利贝尔特的商业哲学理论，"位置决择"的方法被应用在程序区域、开发办公室和厂房中。空间上的程序优化同样是整个概念的指导思想：工厂和办公室被安置在直接相邻的位置上，并且采用透明的设计。这样一来，在思考者、设计工程师和制造者之间的交流可以进行得尽可能平滑和顺畅。

——某些情况下，让建筑师、交通或城市规划的专家都参与组织安排的策划，是很有必要的。他们为决策正确的位置、结构类型、商业空间和功能分区的安排——所有这些都考虑到了在将来使用中可能发生的改变——提供可靠的支持。不管公司是否希望合理化以及重新构建或扩充，在创造适应工作程序的企业建筑的时候，建筑师思考的概念方式将是公司管理者最初的支持。

图67 >
太阳能立面表现出该公司的企业文化是创新和环保意识

图 68 < 太阳能板的细部

图 69 < 创新的大楼外观与城市景观融为一体

质量

术语"质量"的使用范围在最近几年内大大扩展了。尽管人们首要关注的是产品和服务质量，但如今，工作和流程的质量也同样是特别重要的。几乎所有的管理方法都是针对如何提高公司里各部门的质量的手段。"全面质量管理"方法甚至把这个词合并到它的名称里。它和最近流行的"质量管理体系"的概念一起，强调的是这样一个事实：即质量是企业管理的基本要素。

产品质量包括实现客户已表达和未表达的要求——这不仅指最终用户的要求，还指利用初步产品去加工生产自己的产品的员工或公司部门提出的要求。这里，质量描述产品对它的使用者的适用性，并代表着由所有产品特征构成的全面印象，其中包括功能性（即这种产品有用吗？）和耐久性（即这种产品能持续使用很长时间，还是很容易损坏？）。质量可以通过管理者的或客观的标准来评估。这一普遍意义上的质量定义同样适用于建筑。

除了意识到适应顾客的"外部"质量，公司内部质量的意识也已经成为需要优先考虑的事情。全面质量管理已经对质量的概念加以扩展，使之包括正在对公司所有活动、功能、程序、部门和员工进行的改善。工作质量，被看作是员工完成的个人工作的特点，正变得越来越重要。

为了确保实现成功的质量管理，公司必须首先认识到质量的好处和必要性。管理对引入和应用这种方法以及它所有的衍生事物负责。质量管理必须要在顶层设计（top-down）的过程中实施。除了提供所需要的时间和财政资源，它必须同样让员工对质量管理变得很敏感。

很多建筑师都曾尝试给建筑质量下定义。罗马建筑师和作家维特鲁威（Vitruvius）[24]，在公元前 1 世纪对此作出了非常恰当的定义，他认为建筑只有实现三个需要：实用、坚固和美观，才能算作相当成功。换句话说，一座建筑必须在功能、坚固和美学方面令人感到愉悦。在维特鲁威的观点中，建筑应

"质量没有偶然。质量永远不是偶然。质量永远是动脑筋努力的结果。"

约翰·拉斯金（John Ruskin）

当遵循人体比例:"因此,如果一座建筑不讲究均衡和比例的话,就不能说是设计得很好。实际上建筑的美观和匀称的人体形象是一样重要的。"[25]

如果人体工程学被赋予维特鲁威的定义,那么它同样可以被视为建筑和室内设计质量的一个方面。人体工程学描述了人、工作以及由建筑、家具和工具所提供的条件之间的相互关系。正如我们现在所理解的,人体工程学不仅涵盖了工作程序质量的改善,还提高了工作成果中的兴趣。

在公司中,必须调和两种相对的利害关系,以便确保生产质量:其一是经济方面的,要以低投入获得更大的产出;另一方面则是通常意义上的,要满足安全的标准。设计工作流程的时候,必须要消除员工健康和福利方面的隐患。为了创造理想的工作条件,建筑师在建造企业建筑的时候必须尽可能理想地设计工作环境,他们需要对以下问题给予特别的关注,例如噪声、振动、光线、色彩和气氛。甚至更进一步,工作环境的空间布局和家具都应该理想地适应人体的需要。包括符合人体工程学的椅子、办公桌和其他能针对不同使用者进行快速调节的办公家具。

图 70 <
立面装配不同凡响的楼梯间

图 71 >
立面装配的细部

图 72 >
玻璃立面的内景

　　如今，在维特鲁威观念中的建筑效用（或可用性）包含了建筑技术装备的质量以及它们的灵活性。建筑和装备的改造升级都应当很容易，以此证明建筑的高品质。

　　质量的另一个表现是建筑的持久性。精心建造的建筑结构加上高质量的建筑材料，将使建筑矗立在那里的时间更长久，而且相对于一座建造得不怎么样的大楼来说，所需要的维修费要低得多。建筑使用的材料不需要多昂贵，但必须是持久的。技术水平和精确实施方案，能够降低修复和改造建筑时引起的后续开销，同样还能削减与气候控制技术相关的花费，这是直接取决于建筑质量的。很多在建造的时候质量就很高的历史建筑，到现在还在使用，而且，花钱把它内部的设备加以现代化改造也是值得的。这些建筑的构造状况通常良好，弹性的平面设计可以适应现代化功能的需求，而且有安装所需要的技术基础设施的可能性。在这里，质量的意思近似于可持续发展，首先强调的是时间因素。

企业建筑的质量不仅是与建筑造价相关的一个因素，周密的计划对于降低造价和优化建造过程也同样是非常重要的。如果建筑师和客户希望实现维特鲁威理念中的三个建筑标准，他们必须明确自己的目标。然而，当公司管理者最终谈到质量的时候，他们通常指的是产品质量和它们对用户的适用性。

当我们进入建筑质量这个话题的时候，美观比功用和稳定性更难定义。美观作为一个概念，具有不同于个人和社会的价值和标准的积极含义。科学家和学者为了美的标准已经争执了 2000 多年。古希腊哲学家创造了有关美学的哲学分支，为这个议题带来了光明。希腊哲学家柏拉图（Plato）说，美包含于万事万物，仅仅因为对于美的想法存在于万事万物中。

在毕达哥拉斯（Pythagoreans）的著作中，也曾探寻美和某种数学比例比如"黄金分割"之间的关系，或者是美和音程之间的关系。在艺术和建筑中，黄金分割被视为理想的比例关系，是美、和谐的典范。它的定义是：在 A + B 线段中，A 和 B 的比例关系，与 A+B 和 A 的比例关系是相等的。

维特鲁威后来提出了有关建筑的 6 条基本的美学定律，被他之后的很多建筑师所采纳，并沿用至今。这 6 条定律分别是：

——局部和整体之间的尺度关系。
——局部与局部之间的相互关系，以及它们在整体中的布局。
——独立的局部和整体的优美外观。
——独立的片段之间的模数关系以及它们与整体之间的模数关系。
——可以适应不同用途的室内装饰。
——取决于使用方式的恰当的材料和造价。

建筑师密斯·凡·德·罗（Mies van der Rohe）[26] 相信，好的建筑应致力于将复杂的理念削减为最本质的组成成分，这样才能达到更高层次的建筑质量。他认为，在特定的材料、明确的结构和表达清楚的美学形式之间，存在一个制约它们相互作用的法则，如果一个元素不是从这个法则中演化出来的，那么这个元素就是不必要的，而且不需要采用。他以恰如其分的精辟陈述总结了这种哲学：即"少就是多"。就如密斯所说，材料的质量和细部的处理有着非常重要的联系。他把建筑看作是诗歌般的艺术，声称只有玻璃外观才能展露框架结构的形式。美，产生于设计的简洁、方法的直率和材料的纯净。这一哲学展现了高度的美学准则。

密斯·凡·德·罗的建筑拥有一种永恒的品质，甚至延续到今天也如此。

这主要是因为他的建筑设计中清晰、审慎地使用材料，而且细部都精工细作。由于这些建筑风格的经久不衰，它们因此超越了短暂的建筑时尚展的范畴，具备了极高的建筑品质。

——作为新建筑的拥有者和发展者，公司管理者必须对他们的企业建筑的质量负责。因为建筑能被公众看到，所以它的质量是极其重要的。对于美、美学和风格的定义，可能各不相同，因为对这些概念的感知方式是高度主观的。但是对实用和坚固的标准却是清晰的，特别是当大量员工使用建筑的时候。这是公司管理者需要对建筑质量给予最高度重视的另一个原因。

营销

营销包含了所有的商业方法、战略行为以及适应市场发展和支持销售一种产品或一种服务的概念。它必须对消费者给予强烈的关注。在商业术语中，营销被理解成适应市场的企业政策，所有的行为都必须将客户放在中心位置。仅依靠技术能力并不能确保经济的成功，公司的成就需要与它所提供的产品和服务相联系。

营销可以被划分为三个部分：明确顾客的需求，创造顾客的利益，交换顾客的优势。归根结底，营销概念是一种提升产品销售的工具。

顾客更愿意从一家特定的供应商那里得到产品和服务，这不仅仅是出于技术成果、价格或送货时间的原因，而是因为它的客户联系、供货商可信度、客户建议、人体工程学、设计等因素的影响，以及最后一点然而却绝不能忽视的——公司声望。

作家伯尔尼．H. 施密特（Bernd H. Schmitt）和亚历克斯·西蒙森（Alex Simonson）[27] 创造了术语"营销美学"：商标名字或与商标相关的东西往往不再是实现公司可识别性的充分条件了。根据他们的说法，如果公司能够提供一个让人印象深刻的感官体验，比如它的产品或它的服务，那么公司对客户的承诺水平将更高。[28]

企业建筑在营销美学的领域里具有特殊的支持作用，因此，和感官体验有关的营销将有助于塑造企业形象。当前，因为产品变得越来越能相互取代，所以需要被赋予与众不同的、有个性的形象。而建筑是催生这些情感上的联想的

> "如果你想在商业中投资 1 美元，那么手里得留另外 1 美元用来做广告。"

亨利·福特

绝佳手段，而后引发顾客当中的品牌效应或对该公司的积极态度。无论是具有标准分支机构的大公司，还是本土环境中只有一座楼的小公司，情况都是这样的。卓越的建筑和令人印象深刻的室内设计创造出可识别性，让人们从众多的竞争者中区别出这家公司。建筑可以被当作图形特征和有效工具来推动公司，并因此有助于把企业的战略形象与感官刺激联系起来。企业建筑可以成为传递美学体验的营销工具。

特别是在菲利普·科特勒（Philip Kotler）所定义的"公共宣传"[29]营销工具的协助下，企业建筑意味着能为公司附加价值。公共宣传可以被定义为"……相对于广告、贸易等需要花费的方面而言，有些发展不需要支付费用，即通过任何能被公司客户以及潜在客户读到、听到或看到的媒介，以及所有一切能够对达成销售目标有帮助的手段"。[30] 公司通过与营销相关的事件和新闻来实现"公共宣传"——换句话说，通过产品、服务、理念以及组织和人员。因此，有效的公共宣传是营销沟通中最重要的工具。

这就意味着，杰出的企业建筑将在不同种类的媒介中被谈论——比如每日的报纸、专题文献或电视广播网中——这都将有利于公司的公共宣传。

通过建筑进行成功营销的最好例子是德国莱茵河畔威尔城（Weil am Rhein）的家具制造厂商维特拉（Vitra）公司。[31] 它的"建筑公园"专门聘请国际知名的建筑师设计，创造了杰出的企业形象，并且结合产品展览和工厂内的导览，使来宾参观变成了难忘的体验。

在公司遭受了一次重大火灾之后，维特拉的管理者维特拉罗夫·费尔鲍姆（Vitra Rolf Fehlmanna）请世界著名的建筑师来专门重建他的公司。尼古拉斯·格里姆肖（Nicolas Grimshaw）给整个维特拉工厂做了整体方案，并设计了一座厂房；安藤忠雄（Tadao Ando）设计了会议大厅；弗兰克·盖里（Frank Gehry）负责设计管理大楼、另一座工厂和维特拉基地的大门。阿尔瓦罗·西扎（Alvaro Siza）和安东尼奥·奇特里奥（Antonio Citterio）每人设计了一座工厂大楼，扎哈·哈迪德设计了消防站。弗兰克·盖里所设计的维特拉设计博物馆对公司的知名度格外有益。

企业建筑因此成了维特拉公司的营销工具和企业形象。不计其数的国际媒体出版物、专门杂志以及关于企业形象建筑的书，和公司本身一样，持续不断地提升公司和它的家具的知名度。

我们前面谈到过的大众汽车公司在沃尔夫斯堡的汽车城，也证明了类似的把企业建筑作为营销工具的使用。媒体发明了术语"品牌效应"（brandscape），用于描述在营销过程中把品牌风格化，使之成为公司的特点。公司都应当特别注重把生产的品牌以及它们的价值和特征给具象化。品牌效应是对品牌范畴或哲学的宽泛的描述。建筑师巩特尔·亨把这个概念描述成企业建筑中企业设计的系列，"……把公司转换成一种体验，这种体验能使公司可持续发展，并且形成制度，远远超越它现在提供的产品和服务。品牌效应让员工和客户不依靠产品就与公司之间建立一种联系，并且成为它未来发展的合作者。"[32]

把建筑实施成为营销工具，不仅是大企业的选择，小公司和商家也可以使用清晰的形象和适当的建筑来使自己与众不同。每个公司都可以通过建筑来说明自己正在发展新的、创新的产品或服务；通过使用独一无二的立面或陈列产品的新方式吸引媒体的注意，并制造出可供报道的素材。商业建筑和工厂不再深居简出，现在它们可以设计成让人印象深刻的雄心勃勃的建筑。

——建筑可以作为营销工具，促进公司的存在和概况的宣传，无论公司规模大小或经营范围是什么。建筑作为营销工具能在多大程度上体现公司价值和可持续性，取决于与之相关的企业模式。在设计或形象方面有吸引力的公司更倾向于使用建筑作为实现营销目标的工具，而认为设计和声望不那么重要的公司则不然。

设计范畴：风格

风格这一设计范畴与上述的设计范畴相反，不是从一开始就显示出企业建筑的设计元素和管理方法之间的联系。这是因为在术语学上，建筑学语言和管理或公司模式发展出的设计元素之间，没有直接相关的并行词汇。

"人类思想创造出建筑,它的美妙之处体现在其华美的风格中。"

路易斯．I．康（Louis I Kanh）

术语"管理风格"或"企业风格"是专门针对企业管理而言。但是建筑形式的风格和前述两者在公司哲学中的表现之间,却实实在在存在着联系。

先前提过的建筑设计范畴,即人员、结构和系统,构成了每个公司或商务活动的基础并存在于它们当中。它们是每个企业都要引入的要素。它们之间怎样发生交互作用,它们或其设计元素对公司来说有什么意义,决定了公司的个性特征及风格。[33]

在艺术中,风格描述的是一件作品被创作出来的方式,以及该作品所拥有的别具一格的特性。这些独特的方式和特性与时代、艺术家或某个学校或团体有关。对建筑来说同样如此,但它不像艺术,而是主要关注于功能。建筑的风格暗示着一位、一群建筑师或一个时代中特定的形式语言。一件吸收了某种风格的特征的作品,并不是原作的复制品。它是个人对该风格的阐释,并将个人的特点赋予该作品,而不必完全忠实于原有风格。应当客观地看待风格,这个术语本身只是一种描述,而不是评价。

公司的特点、个性和目标,可以通过公司为企业文化和管理、为员工创造的动机概念以及它所支持的交流方式所选择的风格来表达。这就形成了公司独有的企业文化,使之与其竞争者区别开来。

在建筑历史中,风格曾经频繁地发生变化。西方文化的主要风格构成了建筑学的基础:首先开始于古希腊罗马时期的陶立克、爱奥尼、科林斯风格,然后是中期的拜占庭、罗马式和哥特时期,再到文艺复兴、风格主义、巴洛克和古典主义,进而导致20世纪的高度现代主义。直到今天,很多建筑师仍在自己的设计中涉及到上述风格。

——有很多风格应当被客观地评价。公司管理者或建筑师的"品味"决定了他们喜欢的风格。

个人风格的独特之处,使得人和物独一无二。

图73 <
品质的延续。柏林克诺尔公司（Knorr Bremse AG）历史悠久的管理大楼得到了现代化改造,适应当前的需求

图74 <
焕发新生的入口大厅

图 75 <
由于建筑的高品质，对这座砖制的管理建筑进行现代化改造是值得的

图 76 >
带有玻璃顶棚的墙面细部

管理风格

  公司的总体管理风格决定了企业管理者所选择的作为实现商业目标的工具的管理方法。管理风格描述了一种理想的行为方式，在其中提出和设计高级职员和员工之间的联系。基本上讲，管理风格因个人对目标、服务或员工的态度而不同。企业文化是公司管理风格的一种表现。

  在专题文献中，术语"管理风格"频繁地使用于和"管理文化"类似的语言环境中。这两者都描述了公司对员工的管理行为。它们都是为了创造出共同工作的环境。管理风格从理论上来说建立在一些原则——例如心理学、社会学和了解个人特点的基础上。而管理文化则证明了管理风格在日常工作中是怎样传递到公司当中的。

  管理风格是因事而定的，针对所处理的状况，针对需求、质量、经验和效率，或者是针对员工以及团队中必需组织的社会关系的类型。下面提到的是从最全的德语经济大百科全书中摘抄的重要管理风格汇编。

  专制管理风格：管理者做决策的时候绝对专制，不考虑下级的意见或从下级那里得到建议。

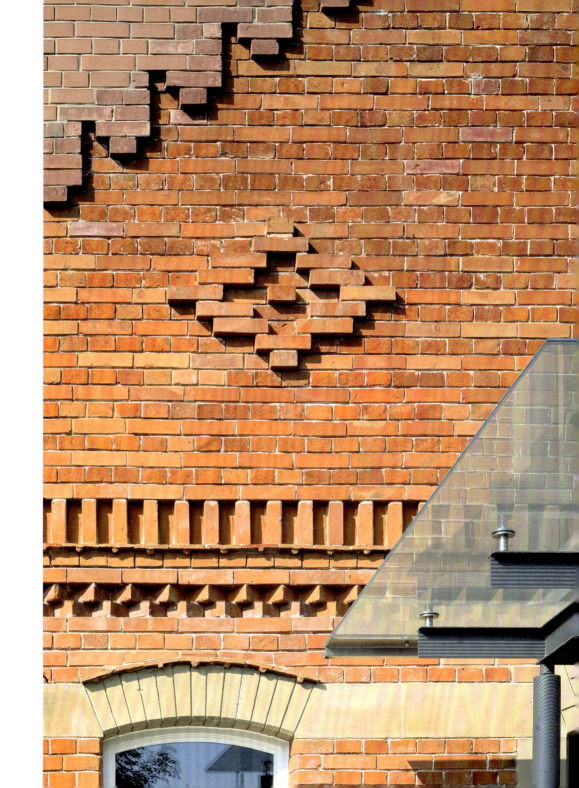

权威管理风格：建立在管理者和下级之间的命令与服从关系基础上的管理方式。

家长式管理风格：管理者对员工带有家长作风式的、强调社会地位的态度，期望从下级得到感激和忠诚作为回报的管理方式。这种管理风格认为下级没有资格作决策，而且几乎从不委托他们作决策。

魅力管理风格：管理层的力量来自于为人所知的、超凡的个性品质，他们懂得怎样激发员工的动力。这种管理方式很少需要结构层面上的方法来支持管理过程。

官僚政治管理风格：管理者拥有专门知识或专业能力以及职务权限。这种管理方式坚持严格的组织规则和指导方针。没有直接的合作，也没有员工之间直接的、围绕常规渠道进行的信息交流，弹性在这里是被窒息的。

合作或民主管理风格：管理者把下级当作真正的员工来对待，鼓励他们把自己的行动和目标拿出来供集体讨论或决策。在评价员工行为的时候，他们总是尝试表达客观的观点。

放任主义：管理者扮演友好的然而却是被动的角色，他们让员工具有很大的自由度。管理者通过提供员工期望得到的信息来回答问题，但是不提供建议或指导方针。

管理风格和企业建筑之间的联系是什么？答案是只有一个非直接的联系：公司的管理风格是建立管理方法和设计元素时决定性的因素，并且因此为如何组织员工提供了指导方针。精益管理（参见"管理方法之管理工具"一章）与合作或民主管理风格之间有联系：鼓励员工去优化产品或管理工作的流程，发现其中的错误并纠正它们。如果对员工个人来说，不能优化生产过程或解决某个问题，那么他或她可以在团队中共同努力去找到解决方案。这时候就需要员工之间直接的交流，如果有必要的话，可能还需要员工和允许发生简单变化的

> "按照现有的表现来对待一个人，你会使他变得更糟。但是按照潜在的表现来对待他，将使他成为应有的模样。"
>
> 约翰·沃尔夫冈·凡·歌德（Johann Wolfgang Von Goethe）

> "人就如同自己所表现出来的样子,他们怎样表现自己,他们就是怎样。视觉形象不仅仅是外表,尽管很多经典哲学是这么认为。视觉形象是真实的。我秀故我在,我秀故我是。"
>
> 奥托·艾舍(Otl Aicher,德国20世纪最有影响的设计家,他为1972年慕尼黑奥运会做的设计,被认为是历届奥运视觉系统的经典。——译者注)

弹性技术体系之间直接的交流。企业建筑必须能够提供所需要的工作环境并且装配得很适合。

具有官僚管理风格的公司,管理等级森严,在不同等级的执行层具有很多个人化的专门手段,这样的公司往往更喜欢那种不鼓励各管理层之间进行直接信息交换的企业建筑类型。这种管理方式的名称就已经暗示:这里通常有这样的办公室,即员工是在与管理者分离的传统的小办公室里工作。开放的、透明的设计是不需要的,因为洞察力或非正式的交流并不在议程上。

是否让员工参与企业建筑的策划,直接取决于公司的管理风格:权威管理风格的公司提供企业建筑的目标,由此产生工作环境设计。员工不得不调整自己,以适应这个结果。合作或民主管理风格的公司,能够把自己员工的需求和目标结合到大楼的策划过程中。

——企业建筑对公司管理风格并没有直接的影响,但它却是这种风格的结果和视觉表达。

企业形象

企业形象不是传统意义上的管理方法,但是它描述了一种战略性的交流工具,利用它能够创造出一个与众不同的公司形象。如同管理方法一样,企业形象的目标也在于支持商业活动的成功。

企业形象(CI)是一个宽泛的术语,没有综合性的或决定性的定义,但是可以用另外一些接近的概念，例如企业文化、企业设计、形象或企业目标来描述它。根据商务管理教授京特·韦厄（Günter Wöhe）[34]所说，所有这些术语指的是一系列的标准，包括价值体系和公司承担的义务。

罗曼·安东诺夫（Roman Antonoff）[35]在他的CI报告中，把"企业形象"描述为"一个组织所有的公布出来的信息总和，以此向内部成员和公众来表达自己"。

在这个定义中，企业形象总结了公司所有的视觉沟通方式。CI的基本理念就是利用一系列设计，让公司内外都能明确了解公司的目标。CI的目标是为顾客、合作伙伴和员工创造出一个令人印象深刻的、难忘的、统一的外表。产品、服务、广告、小册子、信纸抬头、logo、广告标识、颜色、车用标牌、包装、展台，甚至包括企业建筑和销售室以及工作车间的设计，都能反映出贯穿在公司所有领域中的作为主导的统一形象。

所有的大公司都使用企业建筑作为视觉交流的手段，并把它应用在不同的领域。几乎世界上所有的人都熟悉可口可乐的广告标识。而几乎同样多的人对麦当劳快餐公司的"M"标志也非常熟悉，而且人们知道，印度的麦当劳巨无霸（Big Mac）肯定和美国出售的味道一样。美国著名的计算机制造商——苹果公司，当它发布被啃了一口的彩条苹果形象的时候，就打破了由IBM占统治地位的传统计算机工业形象。这一标识就像那款非常流行的苹果机本身的名字"Mac-intosh"（麦金托什）一样，将苹果公司与竞争者区别开来。

但是，CI并不仅限于视觉交流。"我群意识"（We-feeling）的发展，让公司中的CI概念建立起一个行动标准的网络，并确保它的实施。于是每个员工的决定和行动，都建立在企业目标或企业哲学的基础上。企业形象是公司的战略性的、有计划的和有效的自我形象和行为模式，投射在公司内外。

CI使管理者能够为公司的日常行为建立一个普遍的标准，并把它融合在企业文化中。这些标准同样为客户和合作伙伴以及公司员工创造出公司的可识别性。

企业形象传达而不是创造公司的形象。它保持着已有企业文化的表达，以及由此而来的个性风格的表达。保守的公司在商业文件、报告、广告和商贸活动中将使用更加保守的风格。创新的公司则通过使用创新设计的组件和模式，其中包括面向未来的logo样式、创新的广告标识和独特的建筑，来表达创新的特性。

——企业形象描述了公司内部和外部的形象。企业建筑是外部形象的一部分，表达公司的自我观念，并且能够支持它的视觉传递战略。这种特殊的功能就称为企业建筑。

企业建筑

一个公司的建筑究竟怎样设计，风格怎样表达，究竟用什么材料制成，平面采用什么类型，等等，全都取决于业主与建筑师协调的结果。在企业建筑的执行过程中，考虑到管理方法的设计范畴是非常重要的，因此公司可以很好地利用建筑——而且建筑可以对公司的成功有所帮助。使用"以建筑管理"的方法，就有可能确定那些必须由企业建筑来实现的精确需求是什么。建筑师得到授权，把管理方法这种设计范畴转换成建筑，并进而创造出能对公司成功有用的企业建筑。

由于实际上不可能把当今公司建筑所有的可能类型都加以详细描述，因此，从某种角度来说，建筑师的创造力和思想价值是平等的，随之而来的仅仅是企业建筑的类型学。建筑师乔恩斯·梅塞达特（Jons Messedat）[36]在描述企业建筑各种各样的战略方案的时候说："所有的战略方法都是由各种各样的个体行为的相互作用构成，当然也同样可以应用在并行的用途中。把几种战略方法结合起来，就能够针对某个特别的公司状况量身订做特定的方案。基本上，下面谈到的企业建筑战略已经被明确为管理方法：

"一旦诸如实用、结构质量和经济等元素被实现了，那么，用能够表达使用者形象的方式来设计建筑的愿望就产生了。建筑应当对公司的产品做出描述，这样很快就能被识别出来。公司建筑应当随追一个基本概念或价值体系，直到它能与另外的特定生活方式相交流。"

乔恩斯·梅塞达特

"——由建筑师刻画特征；

——与不同的建筑师合作；

——企业原则的表达；

——与商业内容相关联；

——建筑作为产品的描绘；

——通过重复达到可识别性；

——商标内容的沟通。"[37]

在此基础上，可以建立以下的类型学，以便描述各种类型的企业建筑战略：

企业建筑师：公司决定与单一的建筑师合作，由他来设计企业建筑，并因此在其形象中设定了决定性的调子。这是因为每个建筑师都会遵循他（她）自己的风格，所设计的形象是一致的。

在战后的德国建筑历史中有一个著名的例子，即建筑师伊冈·艾尔曼(Egon Eiermann)[38]为麦尔库－霍尔腾（Merkur-Horten）百货公司设计的立面，它们外观一致，具有特有的透空陶土构件，代表了早期通过标准化建筑平面规划和立面设计来树立企业形象的愿望。霍尔腾百货公司的新建筑，是最早一批带有显著的、几乎覆盖整座楼的装饰型立面的建筑之一。由于这种"蜂房立面"允许非常灵活的平面规划，而且通过减少开窗来最大化可用空间，因此在后来的一些年里，这种立面是很多新百货公司的样板。艾尔曼的陶瓷立面在相当长的时间里一直影响着霍尔腾公司的形象。

建筑集成：公司把它的建筑设计和不同的建筑师结合起来，他们将在每座建筑上表达个人的风格。这种方法主要针对特别有名的建筑师，他们创造的独一无二的形象，将保证人们能够注意到公司建筑。大多数在不同城市或国家有分支机构的大公司或企业，都拥有某种建筑集成。不幸的是，这些建筑很少能传达出公司的个性特点或公司独一无二的品质，建筑位置、区域或文脉很难展示出超越建筑师个人风格的东西。

IBM 就是委托当地建筑师来设计他们位于不同地点的建筑的公司之一。例如1973 年，IBM 委托建筑师 C.F. 墨菲和赫尔穆特·扬[39]与路德维希·密斯·凡·德·罗[40]合作，共同设计一座位于芝加哥的211 米高的管理大楼。这是密斯·凡·德·罗在美国设计的最后一座大楼，也是他所做的最高的一座。

在马来西亚的雪兰莪州（Selangor），1992年建筑师杨经文（Ken Yeang）[41] 为IBM设计了一座管理大楼，它成了热带地区未来摩天大楼的原型。它非同凡响的特点包括高层的东、西立面上的凹陷式窗，还有排列密集的阳台，这些都是为了遮阳。

2005年，在瑞士苏黎世旧施泰腾区（Altstetten），IBM与瑞士著名的建筑师马克思·杜德勒（Max Dudler）[42] 合作，完成了一座新楼。这座建筑结构上分为两部分，分别高7层和14层，最高处达44米。它的立面由暗色玻璃和石头带组成的严谨直角网格构成。

令人吃惊的是，上面提到的所有曾为IBM工作过的建筑师，都在不同的国家学习和工作过。因此IBM各个分公司的大楼就具有了国际特点，建筑风格变得全球化了。

建筑公园：与建筑集成相反，这里所说的全部建筑都位于同一位置。这一战略是对博物馆式的环境的追忆，并且应用在贸易市场或世界市场当中。公司通过委托不同的建筑师在同一地点设计企业建筑来应用这种方法。特别是对于那些历史悠久的老公司而言，这种方法带来的结果已经被证实更加具有冲击力、更让人怀念。例如，与德国莱茵河畔路德维希港（Ludwigshafen am Rhein）的BASF相类似的大公司，或者德国勒沃库森的拜耳公司，它们在自己地盘上建立起不同时代的各种设计风格的建筑总汇。如果最初有一个管理规划，那么应该能有助于组织这些不同时期不同方法导致的建筑大杂烩。有的时候，这些建筑能够非常和谐地使用建筑方法或要素，例如建筑材料、形式或颜色。

一家有意识地采用这种方法的公司是瑞士的维特拉公司，我们在"营销"那一节中曾经提到过它。尼古拉斯·格里姆肖所做的总体规划方案逐渐由著名建筑师设计的建筑充实起来。最开始是尼古拉斯·格里姆肖自己设计的工厂建筑（1981、1982和1987年）。然后是1989年，美国建筑师弗兰克·盖里在这里实现了他在欧洲的第一座建筑，他的设计包括"维特拉设计博物馆"、一座带会议室的大门和一座厂房，厂房的坡屋顶和塔楼与设计博物馆之间建立了联系。1993年，安藤忠雄为维特拉设计了会议大厅；这是他在日本本土以外所做的第一座建筑。这座大厅是用于培训、讨论和会议的安静场所，建立在一个被樱桃树环绕的花园里，而且有一层直接延伸到地面上。同年，生

图77 >>
杜塞尔多夫的斯达特（Stadttor）大厦为城市创造出一座享有盛名的北大门

于伊拉克的英国建筑师扎哈·哈迪德在维特拉实现了她最早得到国际声誉的设计之一：消防站。它构成了横穿维特拉基地的主要大道的底景。哈迪德不是把这座建筑当作一个独立的事物来设计，而是采纳周围景观的图案并精心制作，把它发展成了维特拉景观的巅峰之作。葡萄牙建筑师阿尔瓦罗·西扎在此设计了一座厂房建筑，1994年建成。这是一座巨大的、静默的砖立方体，覆盖着一个能够在雨荷载条件下调低的屋顶，与格里姆肖的厂房建筑之间产生了联系。天气晴朗的时候，房顶可以升起来，能从这里看到扎哈·哈迪德设计的消防站的大门。

阿尔瓦罗·西扎设计的移动屋顶，使得人们可以沿着公司的主要大道，一直看到位于消防站那么远的公司大门，这代表了为类型各异的建筑公园创造出统一感的另一种选择：使用景观建筑和花园。经过统一设计的景观能够利用主题把建筑联系起来，特别是在范围很大的基地上更是如此。通过导引人们行进的路线或视线以及采用统一的植被方法（行列式、组团式排列或独立栽植的树），用地形方面的设计来强化当中环绕的企业建筑。

概念建筑：公司的概念和目标被转化成为建筑。建筑师乔恩斯·梅塞达特这样描述这种方式："这种建筑战略的目的在于达成公司目标及其外在形象之间的一致。"[43]

例如，德国零售商DM杂货超市（dm Drogerie markt）把它的公司总部设计成体现"见神论"信仰的式样，并且清楚地展示它给人们带来的显著作用。这座建筑的圆形边缘和吸引人的、有活力的色彩，以及生态建筑材料的使用，同时给员工和顾客提供信息，揭示该公司的见神论信仰哲学。这是公司总体的企业哲学和企业文化，并且延伸到它的分支机构和产品上。

产品建筑：企业建筑能直接反映出建筑为之服务的公司产品。有时候它以一种非常具体的形式模仿产品。

例如Rimowa公司，它创造出一座在形式、符号、结构方面都和自己的产品协调一致的建筑综合体，并且在结构和材料上模仿他们生产的国际知名的旅行箱（同样见"从'外壳'到企业建筑"一节）。

产品建筑通过使用与产品同样的材料，或者让它们成为明显的设计元素，从而在产品和建筑之间建立隐喻式的联系。但是，由于它们是为该公司特别设计的，所以未来的改造将是非常困难的。

商标建筑：很多公司——比如特许经营公司或连锁店——采用这种企业建筑方式，于是在世界各地都很容易辨认出它们。这类建筑要么设计成在哪儿都一样，要么至少采用统一的设计元素。这里关注的焦点是商标，也就是对公司的认同感。

应用统一设计元素的明显的例子有煤气站、快餐连锁店和零售连锁店等。

有一个几乎采用同样建筑的情况是德国平价销售商 Aldi 公司。Aldi 的销售配送代表了高度的专业化。公司的成功从根本上说，是因为它们几乎只供应需求量大的集团产品，采用符合大众口味的设计，并且占有很大的市场份额。

几乎所有的 Aldi 商店的建筑都根据同一主题设计：单层的建筑，浅马鞍形的屋顶，预制混凝土的结构。

根据当地的具体环境不同，Aldi 商店的建筑立面要么是素混凝土，要么是砖，展示橱窗位于收银台和存包处。于是，企业建筑的简洁与产品供应的简洁是一致的。

快餐连锁店麦当劳遵循的是另外的方法。它们的建筑可以设计得非常不同，但是一定要"装饰"上某种设计元素，使它很容易被识别。甚至在国外的时候，顾客只要一瞥就能认出这家连锁店。无论是在布拉格老城中，一座 19 世纪晚期的建筑立面背后，还是在海德堡城市中心，用砂岩装饰的奢侈建筑里。从特有的立面装饰，直到食品的纸包装，都一致地采用麦当劳企业的红、白、黄三色相间的设计样式。

全目的建筑：是指这样一种建筑，它与上述类型之间没有直接的联系，也不是和某家特定的公司相联系，因此我将之称为"全目的建筑"。这是一种缺乏个性特征、可以被不同公司利用的建筑。因为不是每家公司都能创造自己的建筑环境，经济方面的原因使得很多公司租办公楼比建造或购买属于自己的建筑更为合算。因此，他们对办公楼通常没有什么特殊需求。对办公工作环境的要求，比如灵活性或者技术基础设施，其实在很多公司中都是一样的，因此就可以实现标准化设计，各家公司不需要花费多少精力和开销就能适应环境。

因为这样的公司不能创造自己的企业建筑来作为广告标记，因此，他们通常喜欢占据开发商提供的、较有名气的大楼，比如杜塞尔多夫的斯达特大厦或法兰克福的商品交易会大厦（Messeturm）。

位于杜塞尔多夫的高达 81 米的斯达特大厦，和巴黎的德方斯巨门（the Grande Arche de La Défense）很像，设计成一座专门用于租赁的大楼。它的平面是平行四边形，边长 66 米 ×49 米。由杜塞尔多夫的潘茨卡和平克建筑事务所设计（Petzinka, Pink and Partner）设计，1992～1998 年建造落成。它的两座办公塔楼之间是一座 3 层高的衔接裙房，屋顶带有胸墙，构成了大厦的入口。两座塔楼之间 56 米高的空间不是开敞的，而是以玻璃围合的，这使得它成为了欧洲最高大的中庭。支撑这一中庭建筑框架的结构是自由悬挂在空间当中的，非常少见。而且，中庭的能源供应基于双层玻璃立面的自然通风条件，允许采用高效率的加热和制冷技术。

另一座由开发商投资的办公楼是法兰克福的商品交易会大厦，由建筑师 C.F. 墨菲和赫尔穆特·扬设计，1988～1991 年建造。这座建筑看起来像一支巨大的铅笔：高耸的塔楼从正方形的底座拔地而起，起初是正方形平面，然后逐渐收分，最终以一个 3 层楼高的金字塔作为结束。这一古典主义的造型唤醒了人们对 20 世纪 30 年代的装饰派艺术的摩天大楼的回忆，这种印象因为红色的花岗岩立面而变得格外深刻。

在"全目的建筑"中，主要的目标是弹性，因为只有弹性的建筑才能提供必要的开放空间结构，使多种不同的用途成为可能。带网格模数的柱网结构特别适合这一目标，能够创造出大型的、连续的开敞空间，用于工作车间或生产，而如果加入平台和隔墙的话，也能用作办公室。

建筑师能够帮助公司选择合适的建筑，使之符合委托人的企业哲学，他们应当有策略地预先分析和确认公司的需要，并给公司提出建议，告诉他们怎样才能找到合适的办公大厦。

——不管公司选择什么样的建筑类型，都仍然代表着它自己的企业建筑。需要解决的全部问题就是公司要在以建筑管理企业的原则基础上，准确定义并树立它在公司目标和管理方法所采用的必要工具这两者之间反复权衡的需求。在此基础上，就能够选择一个适宜的类型，来构建自己的企业建筑。

注释

1. 该项调查是 2001 年进行的，当时作者正在维也纳科技大学建筑工程系（the Technische Universität in Vienna, Department of Construction Engineering）学习，师从德根哈德·佐默教授和 Andreas Weiss 教授，为完成博士学位论文"工业建筑和企业管理：将工业建筑与企业管理融合起来以支持企业管理的方法"（*Industriearchitektur und Unternehmensführung: Methode zur Integration der Industriearchitektur in die Unternehmensführung zur Unterstützung von Managementmethoden*）开展了该项调查。这项调查针对 200 家德国主要的中型公司进行，得到了 40% 以上的可评估成果。

2. 该项分析是由出版人 Frank Bantle, Bernd Probstl 和 Joachim Schuble 汇编的："100 家最具革新精神的公司为巴登创造了新前景 1998"（*Top 100.Hundert innovative Unterehmen schaffen neue Perspektiven für Baden-Württemberg,1998*）和"100 家最具革新精神的公司为北莱茵－威斯特伐利亚（Rhine-Westphalia）创造了新前景 1999"（*Top 100.Hundert innovative Unterehmen schaffen neue Perspektiven für Nordrhein-Westfalen, 1999*）。经济学家 Hans Hörschgen, Gustav Bergmann 教授、汉斯·于尔根·瓦恩克教授和荣誉博士 Lothar Späth 对这项研究作出了贡献。

3. 在本书末尾发表的 VS 公司 CEO 托马斯·慕勒先生与建筑师斯特凡·贝尼施的会谈，很大程度上证实了这些有关商业管理和建筑之间的联系的理论。

4. 德国政府发起的行动组织"工作主动性的新价值"（the New Quality of Work Initiative, 简称 INQA），不仅考察改善的工作环境质量和上升的生产力之间的联系，而且也关注针对公司经济成功的相应改变所产生的积极影响。

5. Charles Jencks 著，*Die Sprache der postmodernen Architektur: Entstehung und Entwicklung einer alternativen Tradition*（斯图加特：Deutsche Verlags-Anstalt，1978 年）。

6. Yar M. Ebadi 和 M. Utterback 著，"技术革新中交流的影响"（The Effects of Communication on Technology Innovation），管理科学（*Management Science*），1984 年 5 月。

7. Wolf-Bertram v. Bismarck 和 Markus Held 著，*Ergebnisbericht der Befragung zur Anwendung innovativer Kommunikationstechnologien*（曼海姆大学 Universität Mannheim，1998 年 10 月）。

8. 米哈力·契克森米哈赖被看作是创造力研究领域的领军人物。他在洛杉矶附近的克莱尔蒙特大学（the Claremont University）工作，担任 Peter F. Drucker 管理研究院的生活质量研究中心的负责人，并且是大量有关创造力的书籍的作者。

9. 墨菲西斯事务所 1971 年成立于美国加利福尼亚，创始人是迈克尔·罗通迪（Michael Rotondi）和汤姆·梅恩（Thom Maine）。后者一直在这一名称的事务所工作到 20 世纪 90 年代初期。墨菲西斯事务所是当今美国最著名的建筑事务所之一。2005 年，以景观建筑和复杂几何设计著称的汤姆·梅恩获得了普利茨克奖（the Pritzker Prize）。

10. 诺曼·罗伯特·福斯特，1935 年生于英国曼彻斯特。1961 年大学毕业之后，获得了耶鲁大学的奖学金。他曾为理查德·巴克敏斯特·富勒（Richard Buckminster Fuller）工作，并且与理查德·罗杰斯（Richard Rogers）和其他建筑师一起，合作开办了建筑事务所"Team

4"。1990年,他因为建筑方面的杰出成就,被英国女王册封为骑士。1999年,他成为泰晤士河岸的领主。同年,获普利茨克奖。

11. 图里德.H.赫根,Michael L.Joroff, William L. Porter和Donald A. Schön合著,《设计使之完美:工作空间和工作实践的转换》(Excellence by Design: Transforming Workplace and Work Practice)(纽约:John Wiley & Sons, 1999年)。

12. Jorg Kurt Grutter著, Astehtik der Architektur:Grundlagen der Architektur-Wahrnehmung(斯图加特:Kohlhammer, 1987年)。

13. 2001年9月由司法部任命的政府委员会于2002年2月通过了"德国公司治理准则"(Deutscher Corporate Governance Kodex),这项法律文书在规范公司管理与监督行为的同时也为所有依照《德国股份公司法》(German Stock Corporation Act)第161项提出的《符合性声明书》(declaration of compliance)提供了法律依据。在联邦电子公告的官方条款中,该项声明的官方版本以《德国股份公司法》第161项的形式得以颁布。

14. Burkhard Wördenweber教授,德国帕德博恩大学(the University of Paderborn)的机械动力专业讲师;其主要研究领域是照明工程:"物体的光学感知不仅由它们的亮度决定,而且由它们各自亮度的差异决定"。

15. 传统的企业价值包括:正直、谨慎、诚实、可靠、谦卑、责任感、生产效率和公平。这些准则被相当多的国际公司所接受,例如SAP AG, Roche和Allianz集团,并被写在它们各自的网页上。

16. 无线LAN网是一种无线传播网络,让众多用户都能接入本地网络(可以是无线网络、也可以是传统的有线网络)。WLAN安装非常迅速,能够覆盖很大区域,而且使用价格并不昂贵。依靠持续不断的新技术发展,无线网络已经变得越来越快,能够为几乎所有的应用提供必要的带宽,只有很少数情况例外。

17. 蓝牙是一种通过无线传输的国际标准的数据格式。利用蓝牙,即便最小的装置都可以通过无线来操纵和监控。越来越多的生产厂商开始利用这种无线电技术让笔记本电脑和手机附件无线连接。"蓝牙"之名得益于斯堪的纳维亚人在这项研究中扮演的重要角色。该研究最初由瑞典手机网络公司爱立信于1994年发起,随后由爱立信、诺基亚、IBM、东芝和英特尔公司组成的蓝牙技术联盟(Bluetooth Special Interest Group, 简称SIG)来继续和实施。蓝牙的意思是指10世纪的北欧国王Harald Blåtand,他的绰号意为"蓝牙"。

18. 创造力技巧是指用来发展潜在解决方案的方法或技巧,通过联想、形象化、类推或系统化来实现。两个最著名的技巧就是"头脑风暴"和"头脑地图"。

19. 法国建筑师让·努维尔以他在巴黎所做的阿拉伯研究院(1987年竣工)取得了国际性的突破。他作品的特征是透明、光、影的相互作用,贯穿在建筑、展示设计和家具设计中。

20. 这一创新性的支撑结构和玻璃构成的建筑解决方案,是Werner Sovek Ingenieure的Werner教授、Firma Transsolar Energietechnik和Brandi Consult GmbH的Tivor Rakoczy教授合作的结果。

21. 吉多·菲舍曼斯和沃尔夫冈·利贝尔特著, Grundlagen der Prozessorganisation, 第5版.(吉森:Verlag Dr.Götz Schmidt, 2000年)。

22. 吉多·菲舍曼斯博士拥有商业管理硕士学位，专攻组织和控制，并且在吉森的贾斯特斯·李比希大学（Justus Liebig University in Giessen）任教。沃尔夫冈·利贝尔特是一位国际顾问，专门提供程序、项目管理和结构组织方面的咨询。
23. 在辛德尔芬根和下图克海姆建立了梅赛德斯·奔驰技术中心（MTC）之后，汽车生产商戴姆勒·克莱斯勒于2000年建造了一个汽车发展中心，以保障能够赢得长期的市场竞争。它与麦肯锡咨询公司合作发展出一个理念，即"设计"是为今后的商业成功奠定基础。该发展中心的目标是：减少生产时间到30％，降低成本到30％，推进大幅度的改革，改进生产流程和可生产产品的设计，以及提高士气和创造力。
24. 马可·维特鲁威·伯利奥，生于公元前55年，公元14年去世，是罗马恺撒·奥古斯都时期的建筑师和作家。公元前33～公元14年间，他撰写了《建筑十书》（de architectura libri decem）。在书中，他探讨了建筑和它的基本美学以及实用需要。
25. 建筑，第3册（*Architectura*, Book III），Joseph Gwilt 译。
26. 德国建筑师路易维格·密斯·凡·德·罗，1886年生于亚琛，1969年逝于芝加哥。他是战后使用玻璃和钢材的建筑师中最有影响力的代表人物之一。密斯·凡·德·罗在1930～1933年之间主持包豪斯的工作。瑞士建筑师汉斯·迈耶（Hannes Meyer）此前把学校向功能建筑和系列产品开放，在凡·德·罗的领导下，学院越来越向美学和感官方面的设计原则靠拢。1937年，密斯·凡·德·罗移民到美国。1938年，他开始在现在的伊利诺依工学院任教。他设计了很多公寓（范斯沃斯住宅，福克斯河）和不计其数的摩天大楼（西格拉姆大厦）。他的钢管家具（1927年，密斯·凡·德·罗设计出了第一把真正的悬臂椅），受到了荷兰设计师马特·斯坦（Mart Stams）的启发，时至今日仍非常流行。http://www.kunstwissen.de/fach/f-kuns/a_mod/mieso.htm.
27. 德国教授伯尔尼．H.施密特是营销方面的专家，他在纽约哥伦比亚商学院（Columbia Business School）任教，是全球品牌管理中心（the Center for Global Brand Management）的创建人和管理者，该中心的成立是为了针对品牌理念、概念和理论进行前沿研究和收集有实际意义的信息。美国教授亚历克斯·西蒙森在华盛顿特区的乔治敦大学（Georgetown University）任教。
28. 伯尔尼．H.施密特，亚历克斯·西蒙森著，*Marketing-Ästehtik*（杜塞尔多夫／慕尼黑：Econ Verlag GmbH, 1998年）。
29. 美国教授菲利普·科特勒被视为处于领导地位的营销专家。他在伊利诺斯州埃文斯通的西北大学凯洛格管理研究所（Kellogg Graduate School for Management at Northwestern University in Evanston）任教，并决定性地通过他的权威研究建立了营销准则。
30. 菲利普·科特勒著，营销管理（*Marketing-Management*），（斯图加特：C.E.Poeschel Verlag, 1989年）。
31. 家具制造厂维特拉是1950年由威利·费尔鲍姆（Willi Fehlbaum）在德国莱茵河畔威尔城建立起来的。它把美国人雷·查尔斯·埃姆斯和乔治·纳尔逊的著名家具设计介绍到了欧洲。通过与同时代的著名设计师合作，这一战略被他的儿子威利·费尔鲍姆和公司主管罗夫·费尔鲍姆成功地延续下来。www.vitra.com

32. 巩特尔·亨，建筑师和结构工程师，接受商贸期刊《*industriebau*》采访，2002 年第 6 期。
33. "style"一词源于拉丁文"stilus"，stylus 是一种用来在蜡版上蚀刻象形文字的铁笔。通过 Stylus 的图案或它特定书写的方式能够区分出特定的作者，Style 从而意味着"书写方式"，并随后借用到其他作品上。
34. 德国教授京特·韦厄，在萨尔州大学（the University of the Saarland）教授商业管理，并且是很多权威著作的作者，例如 *Einfuhrung in die Allgemeine Betriebswirtschaftslehre*（慕尼黑: Verlag Vahlen，1999 年）。
35. 罗曼·安东诺夫生于 1934 年，2003 年在德国达姆施塔特（Darmstadt）去世。他是《CI 报告》的出版人，被视作"CI 教皇"。
36. 乔恩斯·梅塞达特，1965 年生于德国科隆，建筑师、品牌和作品的新领域的发表作家，2004 年以论文《企业建筑》获得了高等学位。他在伦敦为诺曼·福斯特先生工作，参与将德意志帝国国会大厦改建成德国联邦议院；他同样在魏玛的包豪斯大学有一份研究和教学工作。
37. 梅塞达特，企业建筑（*Corporate Architecture*），见注 36。
38. 伊冈·艾尔曼，1904 年生于柏林附近的 neuendorf，1970 年在德国巴登巴登去世。被看作是德国战后最重要的建筑师之一。他最重要的建筑作品是柏林德皇威廉纪念教堂（Kaiser Wilhelm Memorial Church in Berlin）的重建（1956～1963 年），波恩联邦议会 Langer Eugen 大厦（1965～1969 年）和好利获得（Ollivetti）公司在德国法兰克福的总部（1967～1972 年）。
39. 赫尔穆特·扬，1940 年生于纽伦堡，就学于慕尼黑科技大学（the Technical University in Munich）。1973 年成为美国芝加哥墨菲建筑事务所的执行代理总管和规划与设计主任。
40. 见注 26。
41. 杨经文博士（Ken Yeang，1948 年生于马来西亚槟榔屿）和 T.R. 汉沙（Tengku Robert Hamzah，生于 1939 年）是一家国际建筑事务所的负责人，该事务所总部设在马来西亚吉隆坡。他们都曾在伦敦建筑协会（the Architecture Association，简称 AA）学习。杨经文在剑桥大学生态设计领域获得了博士学位。他们的事务所已经得到了超过 20 个奖项，包括 1995 年的阿卡汗奖（the Aga Khan Award）和 1997 年、1999 年两次获得澳大利亚建筑师协会国际大奖（RAIA International Award）。
42. 马克思·杜德勒，1949 年生于瑞士阿尔滕莱茵（Altenrhein），在法兰克福和柏林求学，并担任了相当多的教学职务，从威尼斯大学（the University of Venice）建筑系到维也纳建筑中心（the Architecture Center in Vienna），再到多特蒙德大学的设计和工业建筑系（the Department for Design and Industrial Architecture of the University of Dortmund）的临时教授职务。从 1992 年开始，他在柏林和苏黎世拥有了自己的事务所。
43. 见注 37。

图 78 >
这座楼是法兰克福市场的象征，从很远的地方就能看到

建筑管理实践

用建筑管理的方法是一种战略,并因此也是公司管理者的一个重要工具,因为它从最初的策划阶段就考虑到企业的文化和战略目标,并且在整个过程中始终伴随着这些方面的考虑,直到它们被转化为建筑。但是,什么才是正确的程序?为了使企业建筑准确地遵从公司的需要,这些概念需要准确地分析、定义和建立。

用建筑管理的方法具有既适用于建筑又适用于商业管理的优势。公司管理者和建筑师在分析了他们各自领域中的语言并行现象之后,能够站在近似的专业基础上进行合作。分析这些,将帮助建筑师更好地了解委托人的需要。他们需要频繁和深入的沟通,来帮助建筑师向公司管理者阐释,企业建筑怎样才能成为他们管理方法的工具,以及支持他们实现目标的工具。首先,必须确定,管理方法的单个设计元素在企业建筑中是否可能贯彻和是否必须贯彻。这样一来,建设性的建筑方法就能以一种很容易理解的方式解释给公司管理者了。

建筑师要负责调节和使用这种方法,并证实它的结果。也就是说,在建造过程当中,以及建造完成之后,要允许实行目标监控。

为了执行用建筑管理的方法,在建筑的策划阶段中必须坚持某些程序步骤。以便与建筑师或规划师合作的企业管理者能够持续不断地确定、决定和监控着那些有助于实现公司目标的建筑方法。如果企业建筑被当作是公司管理的整体中的一部分的话,它能够在很长时期内支持公司的管理方法。

"首先我们塑造建筑,而后建筑塑造我们。"

温斯顿·邱吉尔(Winston Churchill)

常规上讲，在建筑策划的开始阶段，委托人头脑中应该有对办公室、生产车间和储存区的空间需求的粗略想法，以及对工作场所功能需求的想法。在这之后，要准备一份详细的说明文字，记录企业建筑的指导方针、需求和标准。在绝大多数情况下，这需要涉及到那些可计算的需求。最后，聘请一位建筑师，请他按照公司的品味和风格，为上述需求提供一座适当的"外壳"。然而不幸的是，这样做很难得到准确满足公司和员工需要的、"量身订做"的建筑。

怎样避免这种情况？

——在建筑策划阶段，建筑师得到的指导方针通常缺乏细节，这是因为公司管理者在考虑他（她）的目标的时候还不够深入。因此，建筑师不得不表现出令人印象深刻的策划能力，并在企业管理者缩减目标之前考虑两三个设计方案。策划阶段需要成为一个初步的概念阶段，委托人和建筑师共同建立并提出公司建筑的战略性基础方针。对公司需求的全面的、清晰的定义，将避免时间和金钱上不必要的浪费。

——在公司管理者和建筑师之间经常容易出现沟通和接受方面的问题。因为尽管他们可能使用近似的术语，但是这些词汇对他们来说，毕竟是意味着不同的事物。因此，必须发展出一种共有的、准确的语言，使得各学科的术语能够有效地融合起来。

——公司管理者作为委托人，对于企业建筑的了解流于表面，因为他们缺乏建筑有助于商业成功的意识和知识，而且不了解建筑究竟怎样作为一种工具来执行管理方法。所以，必须通过引入特殊的设计元素，把公司管理方法完整地"翻译"成企业建筑。为达到这个目的，企业建筑必须作为一个独立的体系被系统地融合到企业当中，而不能只是被当作某个侧面的因素。

源于管理方法的设计元素在企业建筑中可能是非常明显的，但是它们通常是出于巧合。这是因为缺乏对两个学科之间的联系或相互作用进行分析的系统过程。"用建筑管理"这种方法可以被当作一个过程，清晰而有条理地分析公司的目标和工具，并把这些"翻译"成企业建筑。

——"用建筑管理"的方法无论对公司管理者还是对建筑师来说，都是重要的工具，因为它促进了策划和执行过程中的沟通与透明度。这种方法有助于在建筑师和企业管理者的各自领域之间确立并实现重要的接口。如果这种方法被应用于我们惯用的策划过程的开始阶段，它将有助于为策划企业建筑创造理论基础，并给企业管理者提供目标方面的支持。这样一来，建筑就成为企业成功的要素。

"0" 阶段[1]

"用建筑管理"这一方法衍生出建筑师职责的附加内容，远远超过他们义不容辞的活动范围。在以往的建设费用构成中包含建筑师和工程师的9个工作阶段，并没有要求建筑师和委托人一起分析企业的最高层次的目标。

基本评估确定建筑质量、预算、工期和空间程序。

初步策划阶段主要针对设计、功能和开支。建筑师在已经建立起来的目标和预想的方法基础上，展开他们的策划和方案设计。当所有这些都已经建立起来的时候，就可以与政府相关部门展开商谈了。

草图和设计阶段从委托人最初对设计的愿望开始。在精心制作最终的方案之后，建筑师要开始粗略地介绍整个设计方案，并考虑到各专业的合作。

方案审批阶段是方案得到官方认可和政府审批。

政府审批之后，建筑师进行细化的施工图方案，直到这个建筑方案已经准备就绪，可以实施了。

现在，建筑师开始计算准确的总数、单位、质量和建筑元素的规范，并把这些汇集到一个规范大纲当中。合同的准备阶段同样需要进一步调和与该方案有关的各专业的规范。

计划本身并无意义，计划的过程才是重点。

德怀特 D·艾森豪威尔（Dwight D. Eisenhower）

策划和设计阶段以参与合同签订而宣告结束，建筑师要求承包商或工头参与投标，并且从造价、质量和全程服务等方面来进行比较。

随后的建造过程是实施策划的结果。项目监管通常是建筑师的职责：他们需要协调工人和承包商之间的关系，调整监管日程、造价和工作执行情况。

建造完成和关键日进度之后，是最终的建筑工作阶段：在预期的授权和责任期内进行后期支持服务，提供相关的文件资料，勘察存在的问题。

以上对建筑工作阶段的划分和定义，说明了委托人为什么必须从一开始就得提供他们的目标需求。最终，建设工作通常以基本的技术计算作为开端：包括空间需求、建筑质量、预算和进度等。最初的两个工作阶段通常意味着委托人已经陈述了自己的纲领和设想，只是需要一些细节方面的推敲。但是，这并不是一种符合"用建筑管理"方法的、个性化的、适应目标的分析。

在这里介绍"0"阶段，将会很有建设意义。德根哈德·佐默（Degenhard Sommer）[2]在他的《0阶段工作实例》（Plädoyer für eine Leistungsphase 0）一书中写到，应当把计费系统加以扩展，使之包含一个"0"阶段，这个阶段的工作将使建筑师更多地参与到企业管理者的目标中："由于缺乏合作而发展出来的目标，是导致工业建筑无法令人满意的原因。无论委托人还是建筑师，都需要更好地了解对方，需要在目标、他们的成功与追求等方面通力协作。"

如果在建筑策划的最初阶段就存在紧密合作的进程，那么建筑的个性化特征将可以得到令人满意的解决方案——最终将得到一座根据企业文化量身订做的广受赞誉的建筑。企业的目标必须加以详细阐述，需要提炼再提炼，最终与计划合而为一。委托人经常过度简化他们的目标，而建筑师也往往习以为常地去完成这些目标，不加以充分的分析。

结论：分析企业的目标、企业文化和现有的管理方法，是符合"0"阶段方式的重要手段。其分析结果为有效的计划打下了坚实基础。这些需求远远超出了传统建筑业服务范围和标准的工作流程。建筑师因此成为企业管理者的军师，并且必须按照建筑的需求提供对目标和他们所追求的效果的清晰表述。

企业管理者的目标是什么？

正如企业管理者所定义的，企业目标为企业和建筑师之间的接口工作提供了基础。所有的企业管理者都在追求核心的商业理念，这不仅是存在于他们头脑中的目标或意向，而是已经被写在建筑中、写在混凝土概念的纸面上。所有的企业管理者都必须具备这样的能力，即规定并且有效地贯彻从全局目标中衍生出的底层及更高一层的任务（或者，如果他们做不到这一点，他们就必须获取外部顾问的支持）。在具体条件下，这意味着首先要做正确的事（即有效的事），其次，要正确地做事（即高效率地做事）。确定和实现目标是管理方面的任务。它要求必须把首要目标分解成次一级任务。通过员工不断努力实现，这些次一级目标使公司离自己的首要目标更接近了。例如，如果首要任务是成为市场领军，那么企业的扩展则是一个子目标。如果公司的目标是获得很高的投资回报，那么，降低或缩减成本则可能是由此而来的子任务。在实践中，员工们得知企业目标的方式经常存在这样那样的问题，这样的话，怎么能期望他们根据一个从未听说过的计划前进呢？为了避免对目标阐述不严密而导致的缺陷，那些最好的公司都是通过撰写任务报告书的方式来明确企业目标。这是一种行之有效的途径，不仅让员工、供应商和顾客都清晰地了解企业的目标，同时也把直觉感受到的目标赋予了具体的形式。任务报告书创造出透明度，把企业行为、战略和哲学加以浓缩，转换成一种可以传达的形式。

不仅如此，任务报告书对于企业建筑方案的成功而言，也是最重要的因素。很多成功的公司都把陈述他们的目标当作树立形象和市场营销的工具，

> 容乃智，智则明，明乃清，清则得。
>
> ——庄子
>
> （作者原文是孔子"confucius"，根据引文判断，作者可能弄错了出处。——译者注）

一个例子就是软件巨头微软公司[3]。创建了微软公司的比尔·盖茨和保罗·艾伦（Paul Allen）提出了革命性的想法，撼动了"只有训练有素的专家才能操作昂贵的专业软件"这一占据统治地位的观念。他们设想让"每个家庭的每张书桌上都有一台电脑"，但是，他们的"个人电脑"的理念并没有被所有人接受。1977 年，美国数字设备公司（Digital Equipment Corporation）[4]的总裁说："没有理由说明每个人都想在家里有台电脑。"但是，顾客却认识到了个人电脑的好处，而且数百万的 PC 用户使微软成为全球最受拥护的公司，让它活跃在地球的每个角落。微软公司在其主页的企业目标陈述中这样总结公司的原则和价值：

目标和价值

"在最近 30 多年中，技术已经改变了我们工作、娱乐和沟通的方式。现在，我们能够迅速得到来自全球的信息，同来自全球的人们接触。这种打破场所限制的科技，已经在人类活动的每个领域为创新打开了一扇门，给我们的生活传递新的机会、新的便利和新的价值。建立于 1975 年的微软公司，已经成为这一变革的领袖。为了反映这一角色，并且帮助我们更专注于未来的机会，我们已经建立、并且乐于实现全新的企业目标。

微软的使命：让全世界的人和商业活动都实现自己的全部潜能。致力于完成源于公司核心价值的目标的信条是：

广泛的客户联系
与客户联系，理解他们的需求以及他们怎样利用科技……

让人们能做新的事情
通过确定商业活动的新领域，拓宽客户的选择……

值得信赖的计算
通过我们的产品和服务的质量、我们的职责和义务，以及我们所做的每件事的预见性，深化客户对我们的信任。

创新和可靠平台的领军地位
为客户和合作伙伴拓展创新平台、利益和机会……

全球化的、包罗万象的方法
在全球化的基础上思考和行动,使多样化的生产力成为可能,为更广泛领域的客户和合作伙伴提供创新性的决策,创新性地降低科技的成本。

伟大的人群和伟大的价值
为了传递使命,我们需要伟大的人群,他们聪明、有创造力、精力充沛,拥有下列品质:

正直和诚实;

有对客户、合作伙伴和科技的热忱;

向他人敞开心扉,对他人心怀责任,并致力于让他人更好;

有承担重大挑战并坚持到底的意愿;

严于律己、勇于质疑、努力自我完善和发展;

对自己向客户、股东、合作伙伴和员工的承诺、结果与质量负责。

卓越
我们所做的一切。"

这一对公司使命的陈述记录了微软公司对价值创造、战略目标、预期的外部形象以及和客户、供应商和员工之间的相互关系的态度。通过这种方式的清晰阐述,为企业建筑的概念和通过建筑的方式进行沟通提供了理想的基础。

清晰表达的企业目标,能够推进企业建筑中所有要素的发展。就像通常所说的,管理者最重要的方法和战略之一,就是明确目标陈述。

在使命陈述中,微软公司清楚地表达了他们的目标:"让全世界的人和商业活动都实现自己的全部潜能。"这显然不是公司惟一的目标,但是通过它,这一软件巨头表达了它保持成功国际企业地位的愿望。为了实现这个目标,微软公司建立了一系列子目标,或者像他们公司所说的,建立了一系列"信条"。其中包括"与客户联系"、"让人们能做新的事情"、"值得信赖的计算"、"扩展创新平台"、"全球化地思考和行动"以及"伟大的员工和伟大的价值"。

为了提出一份像微软公司这样准确的使命陈述，公司或公司管理者必须回答下列问题：

1．我和我的公司在追求什么目标？
2．我主要的意图和目标是什么？
3．我们是否已经拥有使命陈述或企业观念？
4．使命陈述中包含着什么关键术语或设计元素？

针对这些问题的清晰的、具体的回答已经成为定式了，用来帮助达成这些目标的管理方法必须加以分析。在这里，决定性的一点是要从管理方法的角度来决定，哪些设计元素是"关键元素"，以及哪些元素在公司管理者看来特别重要、特别有用。

从微软公司的使命陈述当中，就很容易识别出设计元素。在日常与客户打交道的过程中以及员工之间的联系中，公司关注的是沟通、弹性、活力、科技、创新和质量。

管理者必须确定并把那些能为实现目标提供支持的设计范畴落实在纸上。理想地说，管理者应当分析那些来自于已经使用的管理方法的概念和设计元素。撰写一份分析报告，阐明哪些设计元素对企业管理者特别有用，并对达成企业目标特别有价值——以及哪些设计元素符合管理者的企业哲学和公司文化。管理者可以就此创造一个对将来的规划提供支持的分类级别。

一份评估所有设计元素的成本效益的分析报告，可以用来决定这些级别。成本效益分析报告是评估方案的一个程序，以统一的评价表示所有非经济因素的优势和劣势。这个程序可以被细分为下列步骤：

1．二选一：选择要评估的设计元素。
2．建立决策表格：设计元素分别进入表格的行、列抬头。
3．选择标准：确定需求并给予点数。在这些可比较的设计元素中，哪些是最重要的？
4．填充决策表格：每个空格得到一个评估设计元素的数字。
5．目标实现的等级：通过比较，确定了每个设计元素的总点数。这不仅是独立的数字，更是结果的比较。这将形成一个按照重要程度排序的设计元素的列表。

例：决策表"量化设计元素"

例：决策表"量化设计元素" 设计范畴和设计元素 10:0 = 标准1远比标准2重要 n:m = 标准1比标准2重要 (n>m) 5:5 = 标准同等重要 n:m = 标准1不如标准2重要 (n<m) n:10 = 标准1远不如标准2重要	标准2	人	弹性	创造力	活力	沟通	结构	谨慎	透明	组织	系统	营销	质量	工序	创新	技术和工艺	风格	企业建筑	企业形象	管理风格	评估值总计	设计元素等级	占总体的百分数	设计范畴等级
标准1			a	b	c	d	评估值	e	f	g		h	i	k	l	m		n	o	p				
人																					320		30.48%	2
沟通		a		8	5	9		7	7	8		8	7	5	6	7		6	6	8	97	1		
活力		b	2		5	8		8	5	6		6	5	7	5	8		8	8	9	90	2		
创造力		c	5	5		5		5	6	6		8	5	5	5	7		7	8	5	84	4		
弹性		d	1	2	5			4	5	4		2	0	0	0	0		9	8	9	49	12		
结构																					206		19.62%	3
组织		e	3	2	5	6			7	5		5	8	5	4	7		5	8	8	78	7		
透明		f	3	5	4	5		3				5	8	3	4	6		5	7	8	69	8		
谨慎		g																			59	10		
系统																					380		36.19%	1
技术和工艺		h	2	4	2	8		5	2	7			5	5	5	5		5	6	6	69	8		
创新		i	3	5	5	10		2	5	5		7		5	5	5		7	8	5	83	5		
工序		k	5	3	5	10		5	7	5		5	3		5	5		5	7	7	81	6		
质量		l	4	5	5	10		6	6	8		5	5	5		5		7	9	9	89	3		
营销		m	3	2	5	10		3	4	5		5	3	4	5			2	5	4	58	11		
风格																					144		13.71%	4
管理风格		n	4	2	3	1		5	5	7		5	3	5	3	8			7	7	65	9		
企业形象		o	4	2	3	2		2	3	3		3	2	2	1	5		3		6	43	13		
企业建筑		p	2	1	2	1		2	3	3		4	2	2	1	6		4	2		36	14		
总计																					1050		100.00%	

以这种方法开展的评估，为企业管理者提供了洞察这些设计元素在公司中扮演或应该扮演的重要角色的机会。

如果公司管理者采用有条理的方法来编辑数据，建筑师将能更深刻地了解企业，并发现实施建筑方案更容易了。他们将很快地熟悉公司目标和内部文化。如果有必要的话，建筑师可以调节前面所提到的程序，使之不偏不倚，这样就能够在目标确定阶段支持管理者。

让公司管理者和建筑师回答下列问题是切实可行的方法：

1．公司采用什么管理方法来实现它的目标？
2．与这种管理方法相联系的关键特征、概念和设计元素是什么？
3．在上述要素中，对想达到自己目标的管理者来说，最有用的是什么？
4．在上述要素中，与企业文化最相适应、最重要的是什么？
5．它们是按照重要程度排序吗？

重要的是，要记住这个结论仅仅代表一个短暂的印象。在方案过程中，管理方法和设计元素的优先顺序可能会根据市场变化而改变，所制定的战略必须进行定期的分析和回顾。

——用建筑管理的第一个步骤是系统地分析企业目标和已经采用的管理方法，设计元素将由此产生。分析将为企业管理者创造出透明度，并能够以使命陈述的方式进行总结。它同样构成了确定目标和实施建筑方案的基础，落实在纸面上的文件能帮助建筑师在日后的方案阶段回顾企业目标。

分析并确定企业的设计元素

一旦管理者的目标、对企业所应用的管理方法的描述以及它们的设计元素被写下来，建筑师就要通过与企业管理者合作，开始向前推进实际的工作了。"0"阶段开始了，实际的分析随之而来，并且在建筑方案中扮演着至关重要的角色。在"0"阶段这一与建筑的产生直接相关的重要步骤中，企业管理者应当制定重要的需求，并且确定与执行和建造阶段中正在回顾的工作相关的目标。按照这个有条理的步骤，就不会有重要的条目被落下。

通过和企业管理者一起合作，建筑师不仅要寻找建筑设计元素和源于各自管理方法（如前文所述）的设计元素之间的概念接口，他（她）也需要同样提出具体执行的建议。在对设计元素共同分析的基础上，建筑师和委托人找到了一种共同语言，建立起相互信任，极大地推动合作，并帮助双方的团队就建筑和企业管理结合的方法达成共识。

下列问题有助于更好地把握公司的设计元素：
——前面提到的哪个设计元素扮演了与建筑之间概念接口的角色？
——在企业建筑和与管理方法相关的设计元素之间有接口吗？
——设计元素怎样才能转换成"铁和钢"，比如，转换成恰当的建筑形式？
——有没有具有启发作用的例子，能帮助公司管理者做决定？
——企业管理者选择了什么方法？

"如果你把事情都分解成小事的话，没有什么是特别困难的。"

亨利·福特

建筑师或规划者可以融入到各种公司的建筑方案中。尤其是小型和中型的企业，往往利用建筑师作为外在的服务提供者或顾问。而大一些的公司或集团则通常拥有自己的建设部门，甚至是自己的建筑师。建筑师融入到建筑方案当中的方式，要取决于公司的规模和结构。

然而很不幸，很多委托人都没有时间回顾那些概念，无论是企业使命陈述当中的，还是他们的目标当中的，他们把这项工作留给了建筑师。但是，这就剥夺了他们仔细考察设计元素，以便努力达成他们目标的机会。毕竟，这一分析为成功地把管理方法转换成建筑铺就了道路。

建筑师在把设计元素转换成建筑的方式上提供了想法。作为有创造性的专家，建筑师为公司管理者创造出关于目标和方法的目录，包括执行建议。其中包括：

——正式和非正式交流的空间结构；
——与客户单独会谈的封闭空间；
——为弹性空间设计提供的特别的建筑服务技术设施。

建筑师将向委托人解释建筑平面或模型，说明建筑方面的考虑。如果能够结合参观参考方案，同样也很有帮助。

程序阶段极其重要，因为在这个阶段，建筑师将为公司创造出附加价值。在一个按部就班的程序中，已经挑选出在企业和建筑之间接口的可操作性设计元素，建筑师需要提交可能的设计建议和设计理念的大体轮廓。

如果我们用微软公司作例子，那么分析可能导致如下结果：公司在它的使命陈述中已经列出了各种设计元素，没有特别说明它们的优先顺序。最初的关注集中于公司与客户的沟通以及行为的提升（"与客户联系，理解他们的需求以及他们怎样利用科技"）。那么，从建筑的角度来看，微软公司的空间必须设计成能够给客户提供有吸引力的氛围，并促使他们与软件开发人员和计算机专家分享想法和信息。根据这一需求，可能需要提供为大型方案团队准备的大会议室，以及小的、有益于小范围讨论的小会议区。

但是，直接的个人沟通不是计算机公司所关心的惟一事情。企业员工同样也通过技术媒介进行交流，因此必要的技术基础设施，包括电力和网络线缆，必须包括在规划中。建筑师同样要设计所需要的安装空间，以便将来能轻易地装配和升级大楼设备。这些才能保证微软公司在使命陈述中提到的弹性得以实现。

"通过确定商业活动的新领域，拓宽客户的选择"——为适应这一要求，不可避免的结果是在公司内部不断改变结构，对于建筑的需求就是便捷和快速地适应这些变化。固定的空间结构和私人办公室将无法实现公司的这个特点。要支持成功的项目工作，途径之一就是使用设计得很吸引人的复合办公室或团队办公室，从而激励员工及其创造性。

微软公司最重要的目标是卓越，"我们做的每件事都要卓越"。于是，公司建筑肯定要反映出这个目标。建筑不再被看作是次要的事情，而是必须根据公司的内在质量标准，设计得最适合员工工作和工作流程安排。不同的设计元素——沟通、弹性和科技——它们之间的接口必须被准确地加以协调。因为只有当员工拥有最优化的工作环境，他们才能够生产出卓越的成果。位于美国西雅图附近雷德蒙市的微软公司总部，已经融进了一座公园当中。里面有运动场、湖面和20个"校园咖啡厅"。这个建筑群包括84座规模较小的建筑，每一座都配备了最优化的技术基础设备，便于软件开发。员工透过大玻璃窗凝视着周围绿色的环境。这里的建筑和绿地不仅给他们提供聚精会神思考和非正式交流的理想环境，同时也提供了身体锻炼的场所，帮助他们从脑力工作中恢复过来。

微软公司的例子，只是证明了独立的设计元素怎样与公司密切结合。除了把可操作的设计元素融合到建筑中来支持企业管理者，前面提到的分析报告还能帮助他们开发合作优势并削减开支。如果对建筑的想法和需求都被清楚地确定了，那么建筑方法的开支也可以非常精确地决定。增强建筑的弹性可以削减今后对新结构的需求，造型突出的建筑则能够为市场营销概念提供支持。

——一方面要确定各设计元素之间的概念接口；另一方面要确定企业管理和建筑之间的概念接口，从而展示出建筑能够影响企业文化的杠杆作用点。在目标和方法的目录中，建筑师总结了这些点，把他们"物理转换"理论基础传达到企业建筑中。

建筑师的诠释

建筑师负责建筑及其环境的创造性、技术性、经济性、环保性和社会性的设计。这样范围广阔的责任经常与为委托人提供顾问服务相联系。建筑师的核心任务包括从策划阶段到执行阶段支持和代表委托人或开发商。建筑师同样也扮演着所有参与到这个建筑方案中的专业规划人员之间的接口角色，因为他们承担着建造一座建筑的全部责任。最大型的公司的建筑方案日益复杂，使得建筑师越来越难以回答所有和建筑方案相关的问题。这些问题在诸如照明、采暖、空调和安全技术方面突然冒出来，所以建筑师自己也必须依靠专业顾问。

"建筑管理方法"一章中阐述的方法，赋予建筑师首要的职责，就是把可操作的设计元素转换到公司建筑中。因为只有他们拥有建筑的知识，而且必须和管理者的需要之间进行博弈。

和建筑师相反，委托人倾向于谈论与建筑相关的空间、材料或建造。更进一步说，他们关注在建筑中发生的过程：他们的公司在那里做什么，他们和谁打交道，以及对他们来说重要的事情。对委托人来说，建筑是以一种高度复杂的方式与其他有影响力的因素混杂在一起。因此，建筑师必须记住，委托人作为商业人士，总是把建筑和工作环境联系起来。为了双方相互理解，上面提到的不同点必须得到重视，并且需要一个相互"翻译"和沟通的过程，这样，才能激发建筑师与委托人双方。建筑师和公司管理者分别使用的语言，揭示了他们基于各自行为领域的对建筑的不同看法。

在企业建筑计划编制和评估方面的具体分歧是什么呢？以前的反馈让我们清楚地知道：有效的沟通需要动力和双方都敞开心胸。这在通常的、没有建筑师和委托人双方超越常规的承诺的情况下，几乎是不可能的。因此，这就是为什么实现一个"0"阶段，以便鼓励充满激情的沟通并建立共同合作的基础

> "小建筑培育平庸的观念（从这座新建筑的宏大规模中，我们可以得出结论，这里将产生出伟大的思想、伟大的理念和伟大的产品）。"
>
> 约翰·戴维斯·洛克菲勒（John Davison Rockefeller JR）

十分重要了。

在系统的概念分析的帮助下（见"一种共同语言"一节），建筑师可以退回到对双方来说都很普通的语言参考系统中——建筑师和委托人的语言——以此努力推动沟通。利用这种方式，建筑师可以让他们自己的语言去适应委托人的语言，把委托人的需求转换成企业建筑。建筑师的沟通技能高低在这个过程中是起决定性作用的。

拜他们所接受的专业训练所赐，建筑师仍然拥有必要的创造性，而且足智多谋，还具备把确定的设计元素转换成适宜的建筑形式的专业工具。他们将提出各种各样的解决方案，供委托人从中选择。在设计阶段，建筑师经常能发展出额外的想法，因为他们已经融入到从设计元素的观点来分析管理方法的过程中。

在整个策划和商议的过程中，起决定作用的是建筑师的职责，他们要向公司管理者解释设计元素究竟怎样被转化到建筑中。建筑师可以使用有说服力的模型、照片、参观参考方案以及日常的范例。委托人提出的问题和建议可以直接结合到那些模型当中，于是可能产生的结果和影响马上就能看到。

下列问题可以帮助建筑师来翻译设计元素：

——在源于管理方法的不同设计元素当中，哪些能够反映在建筑方法中，怎样才能达成协作？

——设计元素怎样才能作为建筑方法转化到建筑环境中？

——有没有能帮助管理者做决定的例子？

——建筑师的任务是向委托人或公司管理者展示企业管理、企业文化、管理方法和建筑之间的关联。建筑师拥有知识、能力和创造力，用于把设计元素转换成他们已经与管理者共同确定的企业建筑类型。这样做的时候，建筑师扮演着"翻译"的角色。

建筑是委托人、专业负责人和建筑使用者之间的核心沟通界面。根据主流的企业文化，建筑师必须把管理者的需求和劳动力的需要作为策划基础来考虑。

员工的参与

有很多公司邀请他们的员工参与对理想公司环境的头脑风暴（brainstorming）过程。公司希望通过这种方式，确保员工接受即将发生的建筑工程，并激发他们的责任感和动力。员工参与策划过程的深度，取决于管理风格以及由此产生的企业文化。员工的参与同样意味着多学科"专家"的融入，因为他们将成为建筑的日常使用者，并在评估需求时最有发言权。如果有"工人委员会"这么一个组织的话，它的参与同样可以有助于建立目标。工人委员会对公司中不同的区域和部门有很好的总体看法，因为它广泛地接触人和值得信赖的员工代表，理解员工的需要。它还可以扮演公司管理者、建筑师和员工之间的联络员的角色。

直接咨询员工的想法，为公司管理者提供了额外的机会，使他们获得员工对建筑方法的认可：他们可以把自己的和员工的目标放在一起进行比较，并且可以认识到这些目标是否被当作企业文化内在化，以及它们是否作为一条指导线索贯穿始终。如果在企业文化的贯彻执行方面获得较低的评价，那么就必须确立新的方法。如果源于管理方法的设计元素和来自员工的设计元素之间有分歧，那么就需要对其进行分析和调整。然而，这些都是公司管理者的职责，而不是建筑师的。

职工可以通过多种方式积极地参与到策划过程中。应当记住，这无论为建筑师还是公司管理者都提供了及时的附加投资和能力，这一点是很重要的。公司管理者可以使用调查问卷或研讨会来收集员工的需求，这些期望和需求在被转化成建筑方案之前，必须经过确定、比较和调整。各种可能的方案需

> "生活被一个决定所触及和改变的人们，必须参与并且听证导致这一决定的过程。"

约翰·奈斯比特（John Naisbitt）

要被简化成一个清晰的、可应用的方案。员工调查问卷提供了静态的、全面的和明确说明的结果，因为并不允许过分个性化的回答。这就控制了准备调查问卷和评价结果所投入的时间和精力，以及员工在完成问卷上所花费的时间。评估员工们在讨论会上提出的需求，对于员工和作为主持人的建筑师来说，在时间花费上很不成比例。但是，讨论会给员工提供了这样一个机会，让他们积极地介绍自己的想法，这些想法可能将形成有助于公司达成目标的全新的方案。员工以什么方式参与到建筑方案的讨论中，取决于企业文化以及公司管理者的责任。他（她）必须能够理解这种参与的目标，并且给员工提供参与讨论的时间。

"创造技巧"帮助构成了大部分诸如此类的员工讨论会。可以考虑采纳的不同方法有："头脑风暴"、"头脑书写"和"思想地图"是几种流行的创造方法，管理者可以用来考察员工的想法并使之具象化。这三种主要的技巧可以做如下解释：

<u>自由联想技巧</u>允许思想信马由缰。以新方式与产生新鲜想法的思想联系，有可能导致潜在的解决方案。

<u>形象和类推技巧</u>是这样一种方法，使用类似的事物来确定那些最初可能和问题不太相关的东西，其中也可能包含着解决方案。

另一个创造性的技巧是<u>系统想法的生成</u>，由结构和系统化构成。这种技巧使用不同的一览表来考察不同方面的问题。

这些创造技巧帮助我们确定：员工认为这些设计元素有多必要，他们认为这些元素在日常工作中有多少帮助，以及他们认为哪些设计元素对商业成功是具有目标导向性的。

下列问题在该策划阶段中与建筑师有关：

——采用什么方法将员工引入策划阶段？调查问卷？讨论会？还是其他？

——工人委员会发挥了什么作用？

——职工认为哪项设计元素对他们每天的工作有帮助？员工有什么想法，认为大楼的作用不仅与空间、相关设计、材料或概念方面直接联系？

——员工的建议怎样才能可见地表达出来？员工怎样才能知道他们的想法被理解了？

——员工的设计元素中存在等级吗？

——收集到的信息、设计元素和想法都能被转换到企业建筑中吗？无论是直接还是间接与建筑相关？

——员工确定的设计元素和管理者确定的设计元素之间有不同吗？

——怎样把这些设计元素之间（员工的和管理者的）的不同调和起来？

——员工是否参与集体讨论，取决于管理风格和由此而来的企业文化。为此导致的额外费用将由一座最优化的、满足公司和员工双方需要的企业建筑来分期偿还。建筑调查问卷同样能有助于创造出公司目标和员工是否接受之间的平衡。

实施与监控

当公司的目标被确定，它的管理方法就根据与商业相关的以及和建筑设计元素之间的接口而设计出来。依照特定的企业文化，设计元素同样被调整得适合员工的需求，而且它们被转换成建筑实体的可能性因此被确定了。用建筑管理的方法于是包含在最初的"0"阶段当中。

在委托人和企业管理者决定执行建筑方案之后，传统意义上的策划和设计阶段就开始了，这符合对建筑师和工程师的造价构成的工作阶段的定义。它构成了建筑方案中富有创造性的部分，因为通过"用建筑管理"的方法发展出来的想法和建议，现在必须被转化到各种规划变动中，并最终转化为一座混凝土的设计。

当建筑工程在一座新建筑上开始，必须要确定那些与商业相关的设计元素，即那些已经被融合到企业建筑中的元素，是否能真的能对商业成功做出贡献。因为这是商业与建筑融合的惟一能被接受的方法。因此，一旦方案开始，

> "人们忘记了你做一件工作有多么快,但是他们记得你做得有多好。"
>
> 霍华德.W.牛顿(Howard W. Newton)

持续的质量控制就变得至关重要。

质量控制起源于美国,最迟在19世纪控制者一职,就产生了。起初,控制与公司的经济状况相联系,但是后来它的职责就变得越来越与协调相关联。根据于尔根·韦伯(Jürgen Weber)[5]教授的说法,控制是被实践中的下列核心特性所确定的:"实践中的控制是与策划不能分割的。一个控制者必须总是能确认……

……公司的目标是以清楚的、可信的方式表达出来。

……基于公司目标的可供选择的行动方案已被创造和选择出来,它们预期达到的结果已经被计划出来。

……计划确实是被坚持执行着。

……在有矛盾的情况下,需要采取方法,要么调整进程,要么达到新的、现实的计划价值。"[6]

如果目标被实现的程度一直处于持续地监管、测算和沟通情况下,那么任何最优化的方案都能最终达到成功。因此,当策划和实施企业建筑的时候,以及在那以后,在公司每天的行动中,都必须评价某些确定的需求,以及由此而来的公司目标是否得到了满足。把与商业相关的设计元素转化成建筑,并不是最终的结果,目的是要支持公司实现商业活动的目标。

因此,这导致了企业建筑控制的两个阶段:建造阶段的方案控制和使用阶段的控制。

首先,方案控制在策划和建造阶段是非常重要的,它提供了适应目标的方案发展。方案控制不仅包括对建立在策划基础上的方案的监管,还包括对其方向的控制。由公司管理者和建筑师合作发展出来的目标和方法的目录(参见"分析并确定企业的设计元素"一节),构成了控制阶段的基础。如果出现了分歧,那么最初的目标将被循环评估和重新定向。

方案在策划和执行阶段的全程都将被不断回顾。传统的建筑方法控制主要包括定量的，或者是经济、日程等方面的目标。但是定性的目标同样需要进行评估。这里首先包括建筑公司施工作业的质量，必须遵照委托人的需求。如果不能符合这些需要，那么现有的问题必须马上被纠正。定量和定性的控制方法是负责建设的建筑师的标准职责。

"用建筑管理"的整个程序——以确定公司目标和管理方法开始，收集对设计元素的成本效益分析，分析与企业建筑之间的接口，确定使用的方法，以及最终的执行和建筑的构建——与最终的结果相比较。需要汇集起一个"方案回顾"，以备方案实施后的全盘评估。这一最终的观察结果包括对缺点的整体分析，以及确定未来方案的预期的研究潜力。

定性的控制给公司管理者提供一个获取短期和长期知识的机会。可以在短期的观察基础上进行评估，看实施结果是否符合最高的企业目标。而长期的知识在建筑投入使用之后就能获得——它包括设计元素的建筑化在多大程度上影响其他指标，例如工作科学、心理学、职业健康和安全等，以及哪个新接口有可能在源于管理方法和建筑两者的设计元素中发展起来。说到底，定性控制提供了标准化发展方法的基础。

因为在公司刚刚创建的时候，设计元素和管理方法的优先地位可以相互转换，因此必须对它们持续进行定期的评估。

当按照"用建筑管理"的方法设计的企业建筑已经投入使用，那么，工商业相关的和建筑的设计元素之间的接口多么有利就已经很明显了，而且，它在多大程度上能支持商业的成功也很明显了。利用员工调查问卷，能够提供一些信息，协助评估这种方法的成功，或者分析设计元素的执行情况。在这种情况下，可能使用的一些问题是：

——工作场所设计得恰当吗？

——有没有根据员工工作情况设计成不同的工作区域，给员工提供不同的工作场所？

监控"用建筑管理"的方法必须定期执行，或者是在设计元素、管理方法和相关的设计元素中有变化的时候必须执行。企业建筑从而必须根据这些变化进行调整，以便符合整体的企业文化。

根据 PDCA [PDCA 循环又叫戴明环，是美国质量管理专家戴明博士首先提出的，它是 Plan(计划)、Do(执行)、Check(检查) 和 Action(处理) 的第一个字母，PDCA 循环就是按照这样的顺序进行质量管理，并且循环不止地进行下去的科学程序。——译者注] 或戴明环（Deming Cycle）[7] 原理，即描述了持续的程序改进的最佳周期，企业建筑应当采用不同的方法进行持续地评估。PDCA 周期可以被划分成"计划"、"执行"、"检查"和"处理"几个部分。这意味着企业建筑应该被"计划"和实施，或者"执行"，并且应当被"检查"以便测定它的效果。好的结果从而被标准化，并得到进一步发展。如果发现有分歧的话，必须探知其根源。从这些行为中得到的经验需要用来改善结果和调整，甚至在有必要的时候进行"处理"。

以下是重要评估问题的列表：

——被建筑师支持的目标是否已经实现了？

——设计元素是否仍然相关，还是已经改变了？

——设计元素中的优先权、等级是否仍然相关？

——设计元素是否在建筑使用过程中改变了？

——先前决定的、目的在于把设计元素结合到企业建筑中的方法是否已经被执行了？如果是的话，它成功了吗？

——从这个程序中学到了什么？怎样进一步发展改进？

——为了确保对"用建筑管理"方法的认识，在完成建筑之后，检查和衡量那些共同预先确定的建筑方法是非常重要的，这样才能测评这些设计元素是怎样被转化成为建筑。对于企业建筑的分析应当是持续地、循环不断地进行的。这将揭示出未来行动的任何需要，以及建筑是否需要进行调整。

结论

"用建筑管理"的方法能够帮助公司取得成功，然而，建筑以及它作为成功要素的潜能在很大程度上被公司管理者们忽视了。使用"用建筑管理"作为一种工具来支持企业达成目标，直到现在才被看作是与公司目标、管理方法和建筑相关的。但是，构成企业建筑基础的文脉仍然是一个基本要素。使用一个工具，并不意味着马上获得成功。对于可持续的成功来说，重要的是为企业哲学、使命和企业文化选择正确的工具。

在过去，物质上的物资流扮演了意义更为重大的角色，因为它决定了建筑的组织和结构，并且被实施到工厂和后勤设施的空间当中，关注的焦点在于机器和与之相关的物理工序。然而，当产品国家变成了技术国家，那么工作世界中的工序也同样发生变化了。设计元素诸如沟通、弹性和创造性变成了具有重要意义的成功要素，信息和知识的流动成了决定性的组织主题。机器变得越来越无关紧要，关注焦点更多地转向人们在公司内外从事的活动。好的建筑必须容纳这一转变。

策划新的企业建筑的时候，可以从本书中提到的"用建筑管理"的方法中受益。这种方法必须由建筑师和公司管理者合作实施。这种面向未来的方法可以降低成本，或者使公司建筑与形势的结合更加容易，所谓形势就是使公司对市场发展做出更迅速的响应。采用这种方法策划的企业建筑，它后续的改造、调整和工序改进都可以在对商业没有重大干扰的情况下进行。

"用建筑管理"的目标是达成高质量、高价值的企业建筑，为公司提供最好的工作环境。并且不仅支持企业目标，同样也支持企业建筑。于是，建筑成了成功的要素。

注释

1. 在对一座建筑进行策划、实施、开放空间结构和空间构成的时候，建筑师的工作范围可以划分为几个不同的工作阶段。这些不同阶段的费用是单独支付的，最终构成建筑师所提供的全部的100%服务。"0"阶段处在实际的工作阶段开始之前。
2. 德根哈德·佐默, Industriebau. Die Vision der lean company.Praxisrepot, 1993年。佐默1930年生于德国东普鲁士的Gerdauen。1973～2003年间，他担任维也纳科技大学 (the Vienna University of Technology) 工业工程学院 (the Institute for Industrial Engineering) 民用工程系的教授。他与伊冈·艾尔曼共同研究卡尔斯鲁厄城 (Karlsruhe)，并且在伊利诺伊理工学院和密斯·凡·德·罗一起工作过。在芝加哥，他在著名的SOM (Skidmore Ovens & Merrill) 建筑事务所担任设计师。
3. 微软是世界上最大的软件公司。1975年4月4日由威廉．H.盖茨和他的合作伙伴保罗．G.艾伦共同建立，并于1985年成为股份有限公司。它的总部设在美国雷蒙德市，并在全球85个国家拥有分支机构和大约55000名员工。
4. 美国科学家Kenneth Olson和Harlan Anderson在1957年建立了数字设备公司 (Digital Equipment Corporation，简称DEC)。他们都曾在麻省理工学院工作，并被看作是电脑工业的先锋。现在这家公司已经成为惠普（Hewlett Packard，简称 HP）公司的一部分。

5. 于尔根·韦伯教授生于 1953 年，是 Otto Biesheim 管理学校（WHU）的教授，它是位于德国科布伦次（Koblenz）附近的 Vallendar 的一座私立大学，他在那里是"控制与远程通信"的负责人。1981 年，他师从 Wolfgang Männel，获得了多特蒙德大学博士学位。1986 年，获得埃尔兰根－纽伦堡大学（the University of Erlangen-Nuremberg）的教授资格，同年，获得了 Otto Biesheim 管理学校的商业管理教授职位，专门研究商业会计和管理学。

6. Gabler Wirtschafts Lexikon，第 14 版（威斯巴登：Betriebswirtschaftlicher Verlag Dr. Th. Gabler GmbH, 1997）。

7. W. E. 戴明教授（W.E.Deming, 1900~1993）是美国统计学家，以工业质量控制领域的成就著称。他被看作戴明环或 PDCA（plan-do-check-act）环的发明者，这是一种工业质量管理和程序执行的方法。http://www.mrs.umn.edu/ungurea/introstat/history/w98/DEMING.html

建筑对于商业发展的意义是什么？

公司管理者与建筑师的一次会谈

斯特凡·贝尼施(Stefan Behnisch)：1957年生于斯图加特，工学硕士。1987～1989年间，在贝尼施建筑事务所(Behnisch & Partner)担任建筑师，该事务所是他的父亲古恩特·贝尼施(Günter Behnisch)于1952年创立的。1989年，他被派任该事务所Büro Innenstadt分公司的经理，1991年，这个分公司独立出来，更名为贝尼施·贝尼施事务所(Behnisch, Behnisch & Partner)，并且于1999年和2002年，分别在美国洛杉矶和加拿大多伦多开设了分公司。斯特凡·贝尼施在斯图加特工业大学(Stuttgart University of Technology)任教，同时还在法国南锡担任短期国际交流教授，在美国德克萨斯州奥斯汀大学担任客座教授。2005年以来，他在美国纽黑文州耶鲁大学任埃罗·沙里宁(Eero Saarinen)访问教授。2003年，贝尼施加入了德国建筑师协会(BDA)，而且被任命为纽约国际现代建筑会议理事会成员。2004年之后，他一直是伦敦英国建筑师皇家研究院的成员。贝尼施的名字，与创新的、轻盈的、与周围环境融为一体的透明建筑紧密相联。除了在不计其数的国际大赛中获胜之外，他还曾为各种类型的公司和工厂做施工图或建筑设计。

托马斯·慕勒(Thomas Müller)**教授**：生于1947年，德国VS公司的经营者之一，是公司的第三代掌门人。该公司创始于1898年，由4家生产学校家具的厂家合并而成，其中包括当地的Ramminger & Stetter公司和柏林的P.J.慕勒公司。1905年，VS公司与德意志制造联盟(Werkbund)以及建筑师理查德·里默施密德(Richard Riemerschmid)和布鲁诺·保罗(Bruno Paul)合作，创造出第一个完整的学校家具方案。1924年，在遭受了一场毁灭性的大火之后仅仅一年，VS公司在陶伯比绍夫斯海姆的郊区又开设了一家新工厂。1985年，VS公司逐渐开始扩展业务领域，其中包括办公家具以及定制家具的服务。1988年，它推出一款由贝尼施事务所设计的、顶面形状不规则的新桌子。

1998年，为了纪念百年庆典，VS公司迁入了建于陶伯比绍夫斯海姆的新办公大楼，这座享有盛名的大楼是建筑师古恩特·贝尼施设计的。它包括8000多平方米的办公室、会议室和厂房，以及大约容纳250名员工的宿舍。它的特点是拥有一座3000平方米的大展示厅，用于展示工厂的整个生产线。这座建筑在设计方面的独到之处是室内自助餐厅，VS公司允许公众利用它举行一些特殊活动。透过玻璃立面，建筑的使用者向外能看到一个工业蓄水池，它构成了这座建筑景观设计的核心特点。

苏珊·克尼特尔·阿默斯库伯（以下简称S.K.-A.）：是什么导致了VS公司和贝尼施·贝尼施事务所的合作？

斯特凡·贝尼施：VS和我父亲古恩特·贝尼施已是多年的好友。我父亲的事务所因为设计一座公立学校而著称，VS也遵循着相似的路线。所以，VS公司接近贝尼施事务所，是有历史渊源的。

S.K.-A：共同的历史和长久的友谊对新的合作来说有好处吗？

斯特凡·贝尼施：是的，这毫无疑问。我们事务所与VS公司接触的时候，自然而然就具有很多有利条件。能和明确知道自己未来打算做什么的人打交道，总是很有成效的。就此而言，公司的所有者和管理者是最好的人选，或者换句话说，公司里做战略决策的人，甚至是在建筑方面能做决策的人，是最佳人选。我们发现慕勒先生你就是我们所需要的人，我们同样也在美国健赞公司（Genzyme）找到了所需要的人。

S.K.-A.：所以，作为建筑师来说，能直接和CEO或者战略决策者对话是非常重要的？

斯特凡·贝尼施：作为建筑师，如果你不得不去应付中层领导，听他们转述老板在想什么的时候，你将陷入很大的麻烦。这样你就总是遇到那种言听计从的情况。作为建筑师，你必须得做决定，和决定公司战略的人一起工作。

建筑总是牵扯到一定程度的纸上谈兵。公司里面四处是什么样？我想要的是什么？当公司管理者开始考虑空间上的方案，他就不得不思考结构和工作方法的问题。我的经验表明，新建筑的产生通常是拜新的、富有个性的决定所赐。已经有非常确定的理由说明，为什么决定盖新房子的时候，离婚率会大大提高……对于公司来说也是这样的：如果参与者都能考虑这个问题，并且对它进行开放式的讨论，那么将对建筑师和企业管理者双方都很有帮助。

然后，我们提出建筑上的"老生常谈"，并且讨论透明和开放的问题。我们希望有尽可能少的私人办公室和尽可能多的开敞空间，这不仅因为它强化了建筑本身，而是因为我们确信，这对于企业文化、沟通和结构都有用。当然，我设计法庭时候所采用的方法，和我给VS这样的公司做设计的方式是非常不一样的。在这里，透明和开放是影响合作的主题。

S.K.–A.：那么，你是怎样为VS公司分析这些主题的？

斯特凡·贝尼施：首先，我们提出了一个简单的问题：公司希望这座大楼能做什么？答案是他们不仅需要一个办公和管理大楼，同时也希望它是一个展示厅。进一步的问题是，这片场地包括一个消防水池，我们要把它和建筑有机地结合起来，还要保证它满足功能上的需要。然后，是停车场和入口的问题。不过，限制经常能激发出好的主意和好的解决方案！如果这片场地是个空场地，一点都不复杂地呈现在我们面前，那么我们就有可能把办公大楼放在和街道平行的位置上，而不是垂直的——但是在我们看来，现在的位置要更好一些。

S.K.–A.：慕勒先生，那时候你是怎样定义你的建筑目标的？房间功能表是你所拥有的全部吗？

托马斯·慕勒：实际上，我们甚至很快就清楚了我们需要什么：首先，因为公司扩展的缘故，我们需要更多的空间。我们有一些横跨场地的临时办公室，并且甚至打算把一部分老厂房改作办公空间。我们希望能给员工造成一个空间共享的企业形象，因为可以说，以前在空间上的摩擦不断。为了扮演和创造公司的新中心，我们面临日益增长的压力。这自然从总体上影响到我们的公司。不过，为了与客户接触，并且期望给员工一个新家的要求，同样是迫在眉睫。

在这一点上，就怎样才能把所需的办公空间和展示室有效地结合起来，我们展开了激烈的争论。因为我们是做直接销售的，有相当多的客户会参观公司大楼，我们希望能在这里向他们展示产品。由于这座大楼规模将会很大，所以最初的设计方案之一是办公区和展示区的空间分离开来，也就是说，在我们的基地上做出两个不同的结构。然而，我对这个解决方案并不满意。从商业的角度来讲，我认为员工不必带着客户到另一座孤立的大楼去看我们的家具，这是非常重要的。我甚至希望，在展示室中的家具和我们自己使用的办公家具之间，创造出一个共生系统。一方面，我希望我们的员工与展示室和产品共生；另一方面，我希望客户体验到正在使用中的VS产品。我们和贝尼施事务所就此事进行热烈地讨论。最终，形成了这样一个设计方案，巨大的办公楼沿着消防水池水平延展。它均衡的比例与现有的建筑结构非常协调。这座建筑的最大的优势是它实际上拥有两副"面孔"，一面向着居住区，一面向着工业区。因此，它与城市文脉完美地结合在了一起。

S.K.-A.：你把这些需求组织成文写给建筑师了吗？

托马斯·慕勒：不，在使目标可操作化的时候，我们通常不使用预定的公式。但我们非常了解建筑师，并与他相处融洽，因此我们不需要做过多的解释。我们通过不断的谈话使设计一步一步发展，直到得到最终的结果——我们希望建造的设计方案。

S.K.-A.：贝尼施先生，对于那些不像VS公司那样让你十分了解的客户，你的方法又是怎样的？

斯特凡·贝尼施：为那些对建筑没什么兴趣的客户设计一座好建筑是非常困难的——我的意思是指那些不想和我们交谈的客户。这一点非常有趣：客户准备介绍和解释得越少——或者是更重要的，对将来工作精心准备得越少——那么我们所采用的建筑方法将变得越刻板。如果我知道一座建筑的目的和作用，那我就可以更有效地组织这些用途。有一个例子是我父亲做的IBN研究所方案，它的用途就定义得十分简单。两位研究所的客户对我父亲说："我们不关心建筑看起来是什么样子，我们只是在一个盒子里工作。"所以我们对自己说："你希望要盒子，那么你就将得到一个盒子。"当我们为公共机构工作的时候，我们的方法经常变得很规矩，这是因为在严格的等级系统中，决策制定者通常不能够发表个人的观点。

S.K.-A.：在我的博士论文中解释了很多管理方法，都是针对那些无法清楚量化、或者即便能够量化也很有难度的方面。例如，如果公司宣称他们具有透明的管理结构，或者为弹性赋予了重要意义，那么，它们肯定能够对此进行量化。

斯特凡·贝尼施：作为建筑师和公司的局外人，我甚至具备某种超越管理者的优势。我并没有胡说。因为员工对管理经常持抵触态度。没有人愿意承受不好的消息。但由于公司结构逐渐扩大,管理层逐渐增多,他们之间的渗透将变得越来越令人不快。在所有的公司里,过早地表现出顺从,甚至比要求的还早,这才是真正的问题。作为参与主要方案的建筑师,有可能要和公司打3~4年的交道。如果公司让你作为建筑师进入,你将很确切地知道在哪些方面做得不完善。事实上,当公司结构已经确定的时候,就应该聘请建筑师作为顾问,为公司做一个分析。公司应该聘请建筑师作管理顾问。(笑)

对我来说,作为一个局外人非常有意思。我可以直接与管理委员会和员工接触。我和工会交谈,和所有组织层次当中的人们交谈。这样做非常有好处。你可以在策划阶段的基础上就认识到公司最核心的问题。我们曾经在健赞公司实行了策划阶段的调查。结果非常有趣——并且很有启发性。我们发现工作位上总有10%的缺席率,尽管员工在自己的电脑上登录了,但人却不在这里。所以,在策划阶段,我挖掘得更深入了一些:"10%?这里发生了什么事情?"答案是:"我们不知道,情况总是这样,就像在所有公司里一样。"对此,我的回应是:"但是这占你员工总数的10%!你应该为这个问题处罚你自己。"这项调查显示,10%的员工经常去找人谈话,或者在寻找一个开会的办公室。我们希望通过建筑策划,实质性地降低这个比例。其中一种做法是我们没有设计任何大会议室。而是为每10个办公室预留了一个空房间,配备一张小会议桌和一台复印机。此外,还保证在那附近有一个咖啡(茶)吧。这是非常琐碎的小事,但是却具有极大的效力。

S.K.-A.:慕勒先生,请问你是否让员工参与了设计过程呢?

托马斯·慕勒:是的,但我是小团队当中的最大赢家。如果要求很多人都发表他们自己的观点的时候,是非常危险的,因为他们将把结果冲淡了。换句话说,如果每个员工都被问到应该在报架上或者餐厅里放什么报纸的话,那么你得到的结果将是——"小报"。我们成立了一个规模相对较小的团队,由执行董事会成员和各部门领导组成,并在这个团队中检验了空间设计方案。我们讨论了在这座大楼中想追求的功能和目标。比如,我们非常热烈地讨论关于展示厅的问题。这可能是一个说明我们怎样达到意见一致的很好的例子。如果你去看德国的家具店或家具展览——或者类似的其他任何什么地方——你会看到封闭的房间和依赖于灯光效果的家具展示。我们认为,这是一种不能令人满意的状况。乍看上去，这样的展示好像是个挺了不起的产品发布，但是人们在这种空间里不可能长时间工作，因为人工的光线既刺眼又杂乱，这是我在商业展示中经常感受到的。展示开始后的第一天，无论顾客还是产品展览商，每个人都感觉精疲力尽。所以我在米兰、巴黎、伦敦以及其他城市参观了那些著名的竞争者的商业展示会和展示厅，想找到设计一个真正卓尔不群的展示厅的方法。最终，不顾一小部分员工的反对，我们设计了一个充满自然光的展示空间。相信我，这是家具制造业一场小小的革命！我们需要有勇气去说："我们的产品非常好，不需要放在灯光效果下就能看出来。"

现在，当我们在展示厅里和客户谈判的时候，当我们双方讨论到家具方面的意见，他们更快地被我们的观点说服。我的座右铭一直是："诚信至高无上。"我们的客户确确实实看到了家具将要在他们的办公室里呈现出的样子，因此可以说我们走了一条不同寻常的路。我们给顾客提出建议，而这建议不会让他们今后感到失望。

S.K.-A.：在这些经验基础上，您有什么建议？公司在建造新楼的时候，应当怎样处理和员工之间的关系？

托马斯·慕勒：我认为给予双方同等的考虑非常重要。你必须在建造过程中考虑员工的需要，因为这样有助于他们融入工作环境。但是，管理者必须提供指导方针，清楚地指出他们希望达到什么目标，他们希望朝哪个方向发展。如果他们凑近员工并且问："你希望要什么呢？"那么结果必将是一团混乱。这样的情况几乎一点就发生在我们公司内部。如果你在考虑质量，就必须制定一个准确的框架。你必须以一种容易理解的方式和员工进行交流。

质量是我们最首要的目标，而且应当始终保持这一目标，特别是针对客户的。由于我们的成本结构的缘故，如果我们决定集中生产最便宜和最简单的商品，那么我们将没有机会在市场胜出。我们甚至要做到必须能对客户个性化的需求做出响应。如果我们展示出产品的高质量，那么我相信我们将获得在市场中生存的机会。因此，只用我们的产品来征服参观者是不够的，我们必须同样在建筑中展示出产品的高质量。客户必须能自己看到我们公司的全部，于是，我们就像对外展示的那样，突破了常规的限制。如果客户在办公室或展示厅中和我们洽谈，他们将看到我们的家具放置在直接的样板间中。没有自相矛盾，全无矫揉造作。

斯特凡·贝尼施：当我们执行健赞公司建筑方案的策划阶段的时候，公司为员工做了一次问卷调查，其中包括诸如此类的问题："你想坐在办公室的什么地方？你需要什么？"而现在，这可能是你永远都不会去做的事情，因为如果他们自己的想法没有实现，那么80%的员工将觉得空欢喜或者感到失望。与其如此，还不如汇编这样一个调查表，问员工们"谁想挣更多的钱？谁想要一把真皮扶手椅或者一个独立办公室？"（笑）管理者必须能起引导作用，并对决策的过程负责。这不是草根阶层的事。

托马斯·慕勒：在我看来，你不能充分地强调决策人员所承担的责任，无论他们是管理者还是管理者委员会的。在我们公司，我的历任前辈开创了一个建造相对来说比较好的建筑的传统。他们很关注质量。所以我们自己也感到建筑质量对公司有着巨大的影响。所以，对我来说，问题是我怎样才能建造一座建筑，让它能够有效地延续我在过去几十年中所体验到的高品质的传统？因为一座建筑将矗立几十年，甚至好几代，所以这才是真正的责任所在。这是一个巨大的挑战。如果象贝尼施先生描述的那样，公司有了一座不怎么样的建筑，那么，让人们理解好建筑的功能和重要性就会非常困难。如果你已经拥有了很多好建筑，它们提供了令人无法置信的机会，让人根本不能降低标准——如果不能"更好"的话，至少要"好"。我相信，这对于中型公司来说，将导致全然不同的责任，其中包括机会和风险。

S.K.-A.：慕勒先生，你曾经把你的价值观写下来吗？你是否已经定义了一个公司目标？

托马斯·慕勒：是的，我们有一个公司目标，即我们与员工相互沟通。写出来的词句固然有力，但是，能够亲眼看到的表达方式，特别是个人的体验，可能是公司中沟通的最好方式。这比单纯陈述公司目标要强上百倍。我们曾一度制作了一本小册子，说明当时我们的前进方向。它是对员工们提出的问题的一种回应："我们到底是在做些什么？我们的目标是什么？公司希望得到什么？"这并不是说这些事情必须写下来，并且反复和员工沟通。但是公司象征着企业文化——如果你看不到这一点，你就没有完成事业的希望。我们曾经有一个竞争者——他现在已经不做商业了，所以我可以告诉你这个故事。作为一个公司，如果只是聘用著名的建筑师做设计，并且告诉他"给我们设计些什么吧，再写上'由米凯莱·德·卢奇（Michele De Lucci）设计'"——如果那就是你所做的全部，除非那座建筑不是昙花一现，你才能够成功。客户必须能够切实地体验——可信度在这里是最重要的。他们必须通过产品、实际上是通过对公司的全盘印象来体验公司发展的可持续性。在这种情况下，视觉形象扮演着令人难以置信的重大角色。

S.K.-A.：贝尼施先生，你已经提到过，大公司喜欢雇用有名的建筑师，以此突出他们的名望。那么你是否有这样的印象，比起运用特别的设计要素，例如员工和客户的交流、弹性、动力等等，外部形象会更为重要呢？

斯特凡·贝尼施：这不能说得太绝对。公司会对好的建筑感兴趣，无论是谁创造了它。毕竟，为保时捷博物馆做了杰出设计的德卢甘·迈斯尔(Delugan-Meissl)建筑事务所，算不上是一家有名气的公司。这是你必须忘掉的一件事。在公司的立场上，它们真正关心的是手边的问题。但是很多公司仅仅为空话掏腰包也是事实。不需要回顾任何真正的愿望，只要看看戴姆勒·克莱斯勒：那家公司有巨大的机会能建造一些相当好的建筑，但是我们得到的却是斯图加特的戴姆勒·克莱斯勒银行那样的建筑。如果一家公司真的指望我相信它在文化、设计、品质和形象等方面承担着广泛的责任，它肯定会出洋相。问题是，那不是它们内部和它们本身的洋相。本·范·伯克尔(Ben van Berkel)的梅塞德斯·奔驰博物馆和德卢甘·迈斯尔的保时捷博物馆是具有积极意义的洋相。

对这些公司来说，更重要的是卖车，这一点可以理解。在销售产品的过程中，它们发现——几乎可以说是追悔——公司的整体形象在今天已经扮演着截然不同的角色，而不是像它们10年、20年前所做的那样。它们发现企业形象受到建筑的影响——可惜是消极的。现在，很多此类公司的哲学可以总结为："让我们建造一座昂贵的建筑吧，这样我们就肯定能得到媒体的覆盖率。我们将在最初阶段就把握住主要的竞争机会，如果幸运的话，还能吸引重要人物的注意。"但是，我个人的见解认为这是不够的。

作为公司来说，如果本身不具备名望，那么就不能传播名望。这种情况对于那些让客户近距离接触的公司来说尤其如此，比如你的公司，慕勒先生。宝马公司已经令人难以置信、成功地把握了这一点，因为它打算把自己表现成一个"整体艺术作品"——综合的艺术，正如他们已经做到的。另一个例子是维特拉家具公司。他们的长处是什么？他们同样把自己当作一个"整体艺术品"来表现。或者就这一点而言，Taschen 出版社也是如此。尽管他们出版了相对便宜的艺术和建筑图书，他们仍同样被看作"整体艺术品"。如果打算进军一个有意思的市场，那么自己的产品越不吸引人，就越需要以某种方式让自己看起来有创造力，或者有趣味。

托马斯·慕勒：最终，问题通常是究竟怎样创造出公司打算推出的产品、公司形象和企业文化三者之间的综合体。就像在一些公司里一样——尽管只有一小部分是真正的大公司——品牌的名字是如此响亮，建筑并没有扮演重要的角色。但是在大多数有客户参观的公司里，他们怎样向外界描述自己，他们的房间里展示什么样的商品，这两者之间必须达到平衡。这里有一个大问题，20年内究竟什么样的东西会受欢迎？关于这一点，公司会对自己的建筑产生疑问，建筑是为了将来而建造的，要改变它的话需要很多年。

斯特凡·贝尼施：我真的相信，在公司形象和产品之间有相互关联。从中期或者长期的角度来看，忽视这一点是要承担罪责的，而且晚些时候还要付出代价。

S.K.–A.：让我们转向员工吧。你们谈到了公司外部的、与客户之间的交流。但我们也必须关注内部的沟通。这是不是超越形象问题？

斯特凡·贝尼施：在这里，我们必须提出建筑的主题定义。建筑的某些方面——也就是克尼特尔博士您称之为"设计元素"的——已经被证明是更加重要的。包括透明、沟通、品质和可持续性，这些在公司内部确实具有巨大的碰撞力。让我给你举个例子：当我们设计健赞公司大楼的时候，决策者最初对我们阐述的开放和持续性的目标甚至表现得很冷淡。这倒并不是说他们抵触这些——不，他们承认这个设计是"吸引人的"。那么好的，当大楼建好之后，事情自己就向富有活力的方向发展了。垃圾分类、能源减耗——我们努力实现的持续性发展进入了员工的私人生活，他们自己这么说的。大楼对人们产生了影响……这导致公司改变了思考方式。健赞正计划与另一家生物公司分离，希望自己成为一家与员工拥有同样想法的公司。

劝说肯尼迪家族中的一员参加公司开幕庆典也是持续发展的概念。甚至芝加哥的市长都来参观了公司。这为大名鼎鼎的政治家们提供了到场和宣传的机会。这样的事情对公司的含金量来说是值得的，它切实在公司组织中改变了人与人交往的行为。问题并不仅仅是创造一个吸引人的建筑设计，而是通过利用光线、色彩、家具、开敞、空间结构、室内花园等手法来传递信息。传递信息的目的可以利用人们乐于走过的宽敞楼梯、而不是电梯来实现——就像在慕勒先生你的公司中那样。在公司正在进行的运作中、在公司的企业文化中，有很多这样细小的方面能够让公司强大起来。

S.K.–A.：慕勒先生，你是否同样在员工中看到了变化？

托马斯·慕勒：我们同样在员工中感觉到某种保留态度，就如同任何时候人们面临新鲜事物的情况一样。最初，他们比较关注开敞的办公室，担心人们能看到自己的一举一动，很多员工担心自己的隐私将被干涉。这个过程大约持续了3个月，然后，开敞的、透明的、弹性的结构开始发挥优势了：那些"局外人"和封闭在自己的小空间里忙活的人突然发现，自己和自己所做的工作受到了极大的关注。员工们的交流变得非常迅速和直接。而且令人惊讶的是，沟通不仅限于同一层楼的各部门之间，而且跨越了楼层。因为在我们的大楼中，楼梯设计成开放的、非常宽敞的，鼓励员工步行上下去其他楼层。员工们还在展示厅或自助餐厅碰面，这对于我这个管理者来说十分有利。我可以非常容易地把自己的态度传达给员工，我可以只用一会儿时间就处理一个问题，这极大地改善了我们的日常工作。沟通进行得多充分，我们就发生了多大的飞跃——除此之外，我没有其他的方式能够描述它。我认为，另一个重要的方面是：当我在大楼中穿行的时候，我可以看到建筑师和客户正在和谁洽谈。我很容易接近人们，问起他们是否每件事都顺利，并且处理他们的问题，答复他们的疑问。这是一个巨大的优势，特别是在今天、在当前这个时代，当大量的沟通都是通过电子邮件和网络，以一种非常隐私的方式进行的时候。培养人与人之间的联系和社会接触是极其重要的。这就是我为什么没有对"家庭办公室"（home office）理念着迷的原因。也许在某些领域可以实践一下这种办公方式，但是人们必将变得与世隔绝，感到孤独。办公大楼是人们共同实现目标的社会中心，这就是在公司中面对面的交流特别重要的原因。

斯特凡·贝尼施：每个人都想着，新的沟通媒介是向前迈进了一大步，但是，技术只能为我们的两种感官服务：在电视会议上，我们只能看和听。当我说到是否喜欢某个人的时候，当我需要确定是否可信的时候，最重要的感觉是嗅觉。这是技术通常关闭掉的那种感觉。促进个人之间的交流，就是我们为健赞公司和VS公司大肆建造楼梯和室内花园的原因。

S.K.-A.：所以，在你的设计中，你把以前忽视掉的那些通道区域都转换成了交流空间？

斯特凡·贝尼施：我们做得还要更进一步。一项美国的研究表明，抽烟者是最好的信息员。因为他们总是被同事轰出办公室，而且，当然了，他们在抽烟的地方闲聊。他们总是交流所有的事情。所以，我们就此展开讨论。我们能为不抽烟的人做些什么？我们怎样来弥补他们交流上的欠缺？最好的沟通往往是偶然发生的、没有事先计划的。所以我们这些设计得很不错的通道区域对此来说非常合适。

S.K.-A.：如果用一个词来描述公司形象的话……

斯特凡·贝尼施：我并不想触痛任何人，但是被公司董事会所批准的企业形象方案是企业文化的死亡。它是我能想像到的最严重的问题……让我给你举个例子：德国埃特林根市（Ettlingen）的 Entory 公司，被德意志证券交易股份公司（Deutsche Börse）所收购。在建筑的策划阶段，他们给我们看了公司的地毯、家具和窗帘，从那些东西的式样中，我们可以看到，他们已经把企业形象恢复到了 1994 年。这种企业形象在公司内部具有像法律一样不可侵犯的地位。我们看了又看，觉得它非常难以打破。我总是把企业形象和法律相比较：因为你不知道是谁制订了法律，又根本没办法废除。对我来说，企业形象除了意味着改革的死路一条之外，什么都不是。决定是在特殊的时间限制内做出的，等到管理层批准了这个方案，时间已经过去 4 年了。公司根本就不可能革新。很多大公司都有这样的问题，但其中只有很少一部分公司，能享有和雷蒙德·罗维（Raymond Loewy，美国工业设计大师，被誉为"工业设计之父"。——译者注）一起工作的特权。

S.K.-A.：所以你将企业形象视为一种时尚？

斯特凡·贝尼施：这顶多是一种时尚。最糟糕的事情是，绝大部分企业形象是完全无法实现的。它没有考虑到企业的结构、人员、交互作用和社会都处于持续的剧烈变动中。严格的规范对于变革来说是真正的障碍，这一点总是能得到证明。

S.K.-A.：但是企业形象背后的价值是更长久、更有持续性的，不是吗？

斯特凡·贝尼施：是的，但是很不幸地，企业形象手册中并没有涉及到价值或内容，而只是流于形式。地毯上公司的 logo 应该有多大，应该采用什么样的颜色——很不幸，这是企业形象通常关注的主题。

S.K.-A.： 包含企业形象定义的相关文献应该远远超越外在的东西。

斯特凡·贝尼施： 现在让我们再回到雷蒙德·罗维，外部象征和可口可乐瓶子毫无疑问对于企业形象具有重大价值。但很多公司并不能止步于此：我必须买的地毯，我的工作位应该设计成什么样，我必须使用的铅笔，我座椅的颜色。问题就在于，他们企图定义每一个细枝末节……企业形象原本是件好事，因为它让员工对公司产生认同感。

S.K.-A.： 慕勒先生，在你的公司里面是怎样推进员工的认同感呢？

托马斯·慕勒： 是的，其中一个例子就是我们有意识地努力把自助餐厅设计成一个适用于各种活动的集会场所。中心议题就是：我们该怎样设计这个自助餐厅，才能使得甚至连工厂工人都愿意使用它，而且他们走进自助餐厅和办公大楼的时候不受阻拦。按常规，他们不得不穿过马路，走上一段路才能到达自助餐厅。如果他们穿着工作服，可能就会觉得自己进入办公大楼的时候会受限制。我们的解决方案是建造了一座友好的、开放的、平易近人的大楼，而不是那种魁伟的、等级森严的堡垒。这就是为什么全体工人很快就能敞开双臂拥抱它。员工们，特别是工厂工人们，特别喜欢那个巨大的平台，它为他们的短暂休息提供了坐在外面的机会。如果你终日在工厂里工作，那么中间小憩的时候能坐在外面，感觉很能释放自己。这也就是我们怎样保证来自助餐厅的蓝领和白领员工能很好地融为一体。很自然地，我们也经常邀请消费者到餐厅去——就像我已经说过的，有相对来说数量很多的消费者来公司参观，在这方面我们保持了高度的可接近性。来客区域没有被单独隔离出来，我们只利用一座木板条屏风作为分隔，每个人都可以看到这间屋子里的其他人。我们同样允许城市来使用这个空间。如果谁想举办一个展览，或者在晚上组织一场文化活动，并且需要一个大空间的话，我们将非常乐意按照他们的想法来布置餐厅。我们的员工甚至在公司里举行私人聚会——交流、金婚纪念、婚礼，等等。这当然对于他们把自己视为公司一员有非常大的好处。

S.K.-A.： 贝尼施先生，当你作为建筑师与他们合作建造大楼的时候，你对企业管理者有没有其他的建议？你有什么要求吗？

斯特凡·贝尼施： 共同工作的时候，很自然地，双方都希望对方思想开明，愿意学习，努力发展两者相互关系中凸显出的新概念。但如果其中一方不能够运用他的知识，那么就很难产生出新的事物。

S.K.-A.：那么，慕勒先生，您的看法呢？您给打算建造大楼的企业管理者们什么建议呢？

托马斯·慕勒：对我来说，最重要的一点是，客户必须意识到他们并不是为今后的两三年而建造，而是为了将来至少20年的时间而建造。或者换句话说，是为了整个企业的延续。因此，对成本的计算不应当建立在短期基础上。一旦明白了这一点，很多企业将重新获得迈出这重要一步的勇气。

附 录

参考书目

企业建筑

Aicher, Otl. *World as Design*. New York: John Wiley & Sons, Inc., 1996.

Behling, Sophia and Stefan, *Sol Power: The Evolution of Solar Architecture*. Munich, New York: Prestel-Verlag, 1996.

Benevolo, Leonardo. *Geschichte der Architektur des 19. und 20. Jahrhunderts*. Munich: dtv Deutscher Taschenbuch Verlag, 1990.

Blaser, Werner. *Mies van der Rohe – Less is More*. Zurich: Waser Verlag Zürich, 1986.

Brittinger, Thomas. *Betriebswirtschaftliche Aspekte des Industriebaus. Eine Analyse der baulichen Gestaltung industrieller Fertigungsstätten*. Berlin: Duncker und Humblot, 1992.

Goleman, Daniel, Paul Kaufman, Michael Ray. *Kreativität entdecken*. Munich, Vienna: Carl Hanser Verlag, 1997.

Grundig, Claus-Gerold. *Fabrikplanung – Planungssystematik, Methoden, Anwendungen*. Munich, Vienna: Carl Hanser Verlag, 2000.

Heller, Eva. *Wie Farben wirken. Farbpsychologie – Farbsymbolik – Kreative Farbgestaltung*. Reinbeck bei Hamburg: Rowohlt Verlag GmbH, 1990.

Horgan, Turid H., Michael L. Joroff, William L. Porter, Donald A Schön. *Excellence by Design. Transforming Workplace and Work Practice*. New York: John Wiley & Sons, Inc., 1999.

Lacy, Bill and Richard Rogers. *100 Contemporary Architects: Drawings and Sketches*. London: Thames and Hudson, 1991.

Lipczinsky, M. and H. Boerner. *Büro, Mensch und Feng Shui, Raumpsychologie für innovative Arbeitsplätze*. Munich: Callwey Verlag, 2000.

Messedat, Jons. *Corporate Architecture. Development. Concepts. Strategies*. Basel, Boston, Berlin: Birkhäuser Verlag(Princeton Architecture Press), 2005.

Munro, Thomas. *Evolution in the Arts & Other Theories of Culture History*. Cleveland: Cleveland Museum of Art and H. N. Abrams, 1963.

Parent, Thomas. *Das Ruhgebiet – vom "goldenen" Mittelalter zur Industriekultur*. Cologne: DuMont Kunstreiseführer, 2005.

Pélegrin-Genel, Elisabeth. *Büro: Schönheit – Prestige – Phantasie*. Cologne: DuMont, 1996.

Prigge, Walter (ed.) and Ernst Neufert. *Normierte Baukultur im 20. Jahrhundert. Herausgegeben von der Stiftung Bauhaus Dessau*. Frankfurt am Main/New York: Campus, 1999.

Schneider, Rüdiger and Michael Gentz. *Intelligent Office. Zukunftsichere Bürogebäude durch ganzheitliche Nutzungskonzepte*. Cologne: Verlagsgesellschaft Rudolf Müller Bau-Fachinformationen GmbH & Co. KG, 1997.

Schürer, Oliver and Gordana Brandner (eds.). *architektur: consulting. Kompetenzen, Synergien, Schnittstellen*. Basel: Birkhäuser – Verlag für Architektur, 2004.

Sommer, Degenhard. *Industriebau. Die Visionen der Lean Company. Praxisreport*. Basel: Birkhäuser Verlag, 1993.

Sommer, D. and F. Wojda. *Industriebau. Anregungen zum Mitgestalten*. Vienna: Verlag des ÖGB, 1987.

Spath, Dieter and Peter Kern. *Office 21. Mehr Leistung in innovativen Arbeitswelten*. Cologne: vgs Verlag, 2004.

Edition Wilkhahn. *Konferieren, diskutieren, lernen. Einrichtungshandbuch für Kommunikationsräume*. Bad Münder: Wilkhahn, 1997.

企业文化

Antonoff, Roman. *CI Report 1992. Das Jahrbuch vorbildlicher Corporate Identity*. Darmstadt: Identicon, 1992.

Bantle, Frank, Bernd Pröbstl, Joachim Schuble (eds.). *Top 100. Hundert innovative Unternehmen schaffen neue Perspektiven für Baden-Württemberg*. 1st ed., 1999/2000. Stuttgart: Schlaumeier Medien GmbH, 1998.

Bantle, Frank, Bernd Pröbstl, Joachim Schuble (eds.). *Top 100. Hundert innovative Unternehmen schaffen neue Perspektiven für Nordrhein-Westfalen*. 1st ed., 2000. Stuttgart: Schlaumeier Medien GmbH, 1999.

Bullinger, Hans-Jörg, Hans J. Warnecke, Engelbert Westkämper, (eds.). *Neue Organisationsformen im Unternehmen. Ein Handbuch für das moderne Management*. Berlin, Heidelberg: Springer-Verlag, 1996.

Doppler, Klaus and Christoph Lauterburg. *Change Management: Den Unternehmenswandel gestalten*. 5th ed., Frankfurt/Main, New York: Campus Verlag, 1996.

Fischermanns, Guido and Wolfgang Liebelt. *Grundlagen der Prozeßorganisation*. 5th ed., Gießen: Verlag Dr. Götz Schmidt, 2000.

Gabler Wirtschaftslexikon. 14th ed., Wiesbaden: Betriebswirtschaftlicher Verlag Dr. Th. Gabler GmbH, 1997.

Knieß, Michael. *Kreatives Arbeiten – Methoden und Übungen zur Kreativitätssteigerung*. Munich: dtv Deutscher Taschenbuchverlag, 1995.

Kotler, Philip. *Marketing-Management*. Stuttgart: C. E. Poeschel Verlag, 1989.

Schmitt, Bernd and Alex Simonson. *Marketing-Ästehtik*. Düsseldorf, Munich: Econ Verlag GmbH, 1998.

Schreyögg, Georg. *Organisation: Grundlagen moderner Organisationsgestaltung*. Wiesbaden: Gabler GmbH, 1998.

Simon, Hermann. *Das große Handbuch der Strategiekonzepte. Ideen, die die Businesswelt verändert haben*. Frankfurt am Main: Campus Verlag, 2000.

Schwab, Adolf J. *Managementwissen für Ingenieure*. Berlin, Heidelberg: Springer-Verlag, 1998.

Simon, Hermann. *Die heimlichen Gewinner (Hidden Champions)*. Frankfurt am Main: Campus Verlag, 1996.

Simon, Hermann. *Das große Handbuch der Strategiekonzepte. Ideen, die die Businesswelt verändert haben*. Frankfurt am Main: Campus Verlag, 2000.

Staehle, Wolfgang H. *Management. Eine verhaltenswissenschaftliche Perspektive*. 8th ed., Munich: Verlag Franz Vahlen GmbH, 1999.

Ulmann, Gisela. *Kreativität*. Weinheim, Berlin, Basel: Beltz Verlag, 1968.

Warnecke, Hans Jürgen. *Die Fraktale Fabrik. Revolution der Unternehmenskultur*. Berlin, Heidelberg: Springer-Verlag, 1992.

West, Michael A. *Innovation und Kreativität. Praktische Wege und Strategien für Unternehmen mit Zukunft*. Weinheim, Basel: Beltz Verlag, 1999.

Wöhe, Günter. *Einführung in die allgemeine Betriebswirtschaftslehre* 20th ed., Munich: Verlag Franz Vahlen GmbH, 2000.

Woodward, Joan and Wolfgang H. Staehle. *Management. Eine verhaltenswissenschaftliche Perspektive*. 8th ed., Munich: Verlag Franz Vahlen GmbH, 1999.

Zahn, Erich, Hans-Jörg Bullinger and Hans J. Warnecke (eds.): *Neue Organisationsformen im Unternehmen. Ein Handbuch für das moderne Management*. Berlin, Heidelberg: Springer-Verlag, 1996.

引用资料

P 11, Duncan B. Sutherland Jr., School of Business and Public Management, The George Washington University. Quote translated by Laura Bruce.

P 20, Hermann Simon, Handbook of Strategy Concepts, (Frankfurt am Main/New York: Campus Verlag, 2000).

P 35, Thomas J. Peters, Robert H. Waterman, Auf der Suche nach Spitzenleistungen, (Landsberg am Lech: MI-Verlag, 1983). Quote translated by Adam Blauhut.

P 39, Walter Benjamin, "On Language as Such and on the Language of Man," trans. Edmund Jephcott, in Walter Benjamin, Selected Writings, vol. 1 (1913–1926), ed. Marcus Bullock and Michael W. Jennings (Cambridge, MA: Belknap Press of Harvard University Press, 1996), 62.

P 53, Adolph (Friedrich Ludwig) Freiherr von Knigge (1752–1796), German writer.

P 59, Victor Hugo (1802–1885), French writer.

P 66, Antoine de Saint-Exupéry (1990–1944), French pilot and writer. He first studied architecture between 1919 and 1921 in Paris, without graduating, before training to become a pilot.

P 79, 114, 146, Henry Ford (1863–1947), founder of Ford Motor Company.

P 90, Georg Simmel, "The Sociology of Secrecy and of Secret Societies" American Journal of Sociology 11 (1906): 441–498.

P 96, Hans Jürgen Warnecke, Die Fraktale Fabrik. Revolution der Unternehmenskultur, (Springer Verlag, Berlin Heidelberg 1992). Quote translated from German by Laura Bruce

P 99, Cay von Fournier, Die 10 Gebote für ein gesundes Unternehmen. (Frankfurt am Main: Campus Verlag, 2005)

P 105, Michael Hammer, Beyond Reengineering: How the Process-centered Organization is Changing our Work and our Lives, (New York: Harper Business, 1997), p. 5 + 11.

P 109, John Ruskin (1819–1900), English writer, art critic and social critic.

P 117, Louis. I. Kahn was born in 1901 in Osel (Estland), and died in 1974 in New York. He is a significant American architect und urban planner.

P 120, Johann Wolfgang von Goethe (1749–1832), German intellectual and poet.

P 121, Otl Aicher, The World as Design; (Berlin: Verlag Ernst & Sohn, 1994).

P 123, Jons Messedat, Corporate Architecture. Entwicklung Konzepte Strategien/Development, Concepts, Strategies; (Ludwigsburg: avedition, 2005), 13.

P 136, Winston Churchill (1874–1965), British statesman, painter, and writer; he was awarded the noble prize for literautre in 1953 for his many writings, especailly the six-volume work The Second World War.

P 138, Dwight D. Eisenhower (1890–1969), 34th president of the USA and commander-in-chief of the Allied Forces in Europe during the Second World War.

P 140, Confucius (Kung Fu Tse 551–479 BC) is considered China's most influencial philosopher.

P 149, John D. Rockefeller Jr. (1874-1960), son of the well-known American industrialist John D. Rockefeller, made this statement apparently at the completion of Rockefeller Centers in 1940 in New York City.

P 151, John Naisbitt (1930–), American futurologist.

P 153, Howard W. Newton (1903–1951), American columnist and owner of a advertzing agency.

图片致谢

以下照片由斯图加特的 Roland Halbe 提供。

图 **3, 4, 5,** Höchst AG technical administration building, Frankfurt am Main; architect: Peter Behrens, 1924.

图 **6,** B. Braun Melsungen AG European headquarters, Melsungen; architect: Michael Wilford + Partners, 2001.

图 **7, 8,** The VS headquarters of the Vereinigte Spezialmöbelfabriken GmbH & Co, Tauberbischofsheim; architects: Behnisch + Partner, 1998.

图 **9, 10,** Office floor at Publicis – Sasserath GmbH, Frankfurt; architects: Frick + Reichert, 2001.

图 **11, 12,** Sortimo International GmbH. administration building, Zusmarshausen; architects: Kauffmann Theilig & Partner, 1995.

图 **13,** Medical Association Regional Administration Office, Nordwürttemberg, Stuttgart; Architects: Aldinger & Aldinger, 2004.

图 **14,** B. Braun Melsungen AG European headquarters, Melsungen; architects: Michael Wilford + Partners, 2001.

图 **15, 16, 17,** Employee cafeteria at Böhringer Ingelheim Pharma KG, Biberach; architects: Kauffmann Theilig & Partner, 2004.

图 **18,** M + W Zander company headquarters, Stuttgart; architects: Heinrichsmeyer & Bertsch, 1998.

图 **19,** Medical Association Regional Administration Office, Stuttgart; architects: Aldinger & Aldinger, 2004.

图 **20, 21, 22, 23,** DaimlerChrysler AG Global Training Center, Stuttgart; architects: KBK Architects GmbH., 2004.

图 **24, 25,** Medical Association Regional Administration Office, Stuttgart; architects: Aldinger & Aldinger, 2004.

图 **26, 27,** Norddeutsche Landesbank (Nord LB) headquarters, Hanover; architects: Behnisch, Behnisch + Partner, 2002.

图 **28, 29, 30, 31, 32,** California State Department of Transportation headquarters, Caltrans, Los Angeles, USA; architects: Morphosis Architects, 2004.

图 **33, 34,** Bank Caja General headquarters, Granada, Spain; architect: Alberto Campo Baeza, 2002.

图 **35, 36,** Bayer AG group headquarters, Leverkusen; architects: Murphy/Jahn, 2002.

图 **37,** Hong Kong and Shanghai Bank headquarters, Hong Kong; architects: Foster and Partner, 1986.

图 **38, 39, 40,** B. Braun Melsungen AG European Headquarters, Melsungen; architects: Michael Wilford + Partners, 2001.

图 **42,** debis headquarters und IMAX cinema; architects: Renzo Piano und Christoph Kohlbecker, 1997.

图 **43,** Bayer AG group headquarters, Leverkusen; architects: Murphy/Jahn, 2002.

图 **44,** Norddeutsche Landesbank (Nord LB) headquarters, Hanover; architects: Behnisch, Behnisch + Partner, 2002.

图 **45, 46,** Bayer AG group headquarters, Leverkusen; architects: Murphy/Jahn, 2002.

图 **47,** Johann Werdich GmbH office building, Ulm; architects: Kauffmann Theilig & Partner, 2000.

图 **48,** Architect Nieto Sobejano's office and private residence, Madrid; architect: Nieto Sobejano, 2005.

图 **51, 52,** Mannheimer Insurance Company headquarters, Mannheim; architects: Murphy/Jahn, 2004.

图 **53, 54,** Mannheimer Insurance Company headquarters, Mannheim; architects: Murphy/Jahn, 2004.

图 **55, 56,** BMW AG central plant and headquarters, Leipzig; architect: Zaha Hadid, 2005.

图 **57, 58,** Headquarters of the German State Central Bank of Saxony and Thuringia, Meiningen; architects: Kollhoff and Timmermann with Nicolas Perren, Berlin, 2000.

图 **59, 60,** *Calle General Fanjul* office building, Aluche, Madrid, Spain; architects: Rubio Carvajal & Alvarez Sala, 2005.

图 **61, 62,** L. Brüggemann KG headquarters, Heilbronn; architects: Kilian + Hagmann, 1997.

图 **63, 64,** Bayer AG group headquarters, Leverkusen; architects: Murphy/Jahn, 2002.

图 **65, 66,** Mannheimer Insurance Company administration building, Mannheim; architects: Murphy/Jahn, 2004.

图 **67, 68, 69,** California State Department of Transportation headquarters, Caltrans, Los Angeles, USA; architects: Morphosis Architects, 2004.

图 **70, 71, 72,** Bayer AG group headquarters, Leverkusen; architects: Murphy/Jahn, 2002.

图 **73, 74,** George Knorr Industrial Park Knorr-Bremse AG Berlin, redevelopment; architects: Michael Stutz, jsk Architects, 1941/2004.

图 **75, 76,** L. Brüggemann KG headquarters, Heilbronn; architects: Kilian + Hagmann, 1997.

图 **78,** Messeturm Frankfurt; architects: C. F. Murphy Associates and Helmut Jahn, 1991.

以下照片由科恩维斯海姆的 **Martin Schall** 提供。

图 **1,** BMW AG company headquarters, Munich; architect: Karl Schwanzer, 1973.

图 **2,** Rimowa suitcase factory, Cologne; architects; Dahlbender, Gatermann, Schossig, 1987.

图 **41,** debis headquarters, Kollhoff Tower, Bahn Tower at Sony Center; architects: Renzo Piano, 1997, Hans Kollhoff, 1999, Murphy/Jahn, 2000.

以下照片由慕尼黑的 **Lisa Fuhr** 提供。

图 **49, 50,** Volkswagen AG "Glass Factory" automobile factory, Dresden; architects: Henn Architects, 2001.

以下照片由科隆的 **Thomas Riehle** 提供。

图 **77,** Stadttor office building, Düsseldorf; architects: Petzinka, Pink and Partner, 1998.

致 谢

我想感谢所有为本书给予支持的人：我的哲学博士导师德根哈德·佐默博士、VS 公司的主管托马斯·慕勒博士，他们都鼓励我出版关于这一主题的书。我还要感谢斯特凡·贝尼施，他那么自然而然地同意进行一次会谈，还有 Joachim Kurz 和 Carola Kupfer，他们都曾为我提供有价值的支持。此外，还要感谢帮我挑选照片的摄影师 Roland Halbe 和他的助手 Mamrei Heyne。

我特别要感谢的，是我的家人和朋友，他们在这段充满压力的日子里，表现出极大的耐心。其中尤其要感谢我的丈夫 Oliver Ammerschuber，他总是对这本书充满信心。